Rudolf Kippenhahn
Kosmologie

PIPER

Zu diesem Buch

Hat es den Urknall wirklich gegeben? Wie alt ist die Welt? Kann etwas schneller als das Licht sein? Warum kann es uns Menschen eigentlich gar nicht geben? Diese Fragen aus der Kosmologie überfordern unsere Vorstellungskraft. Deshalb behandelt der erfahrene Astrophysiker und Sachbuchautor Rudolf Kippenhahn in diesem Buch die wichtigsten kosmologischen Begriffe und Themen kurz und verständlich. Unter anderem erklärt er den Raum zwischen den Sternen, die Galaxien, das Alter der Welt und das Alter der Sterne, das krumme Licht und die Frage fremder Universen.

Rudolf Kippenhahn, geboren 1926 in Bärringen (Böhmen), studierte Mathematik in Halle und Erlangen und promovierte 1951. Von 1965 bis 1975 war er Professor für Astronomie und Astrophysik an der Universität Göttingen, bis 1991 Direktor des Max-Planck-Instituts für Astrophysik in München und Garching. Seit 1991 lebt er als Autor in Göttingen. Bei Piper erschienen zuletzt »Eins, zwei, drei … unendlich« und »Amor und der Abstand zur Sonne«.

Rudolf Kippenhahn

Kosmologie

Basics

Piper München Zürich

Mehr über unsere Autoren und Bücher:
www.piper.de

Mix
Produktgruppe aus vorbildlich bewirtschafteten Wäldern und anderen kontrollierten Herkünften
www.fsc.org Zert.-Nr. GFA-COC-001223
© 1996 Forest Stewardship Council
FSC

Aktualisierte und erweiterte Taschenbuchausgabe
Juni 2011

unter dem Titel »Kosmologie für die Westentasche«
Umschlagkonzeption: semper smile, München
Umschlaggestaltung und -motiv: Bauer + Möhring, Berlin
Satz: Kösel, Krugzell
Papier: Munken Print von Arctic Paper Munkedals AB, Schweden
Druck und Bindung: CPI – Clausen & Bosse, Leck
Printed in Germany ISBN 978-3-492-27247-6

Inhalt

Vorwort 7
Einleitung 9
Die Milchstraße 11
Der Abstand Sonne–Erde 14
Feldmesserei in der Milchstraße 16
Je entfernter, umso schwächer 18
Rhythmische Sterne als Standardkerzen 20
Die Milchstraße wird ausgemessen 22
Der Raum zwischen den Sternen 25
Dunkle Wolken und leuchtende Nebel 27
Eine besondere Klasse von Nebeln 29
Das Reich der Galaxien 32
Der Blick ins Unendliche 35
Was Lichtwellen verraten 37
Der Effekt des Christian Doppler 39
Galaxien auf der Flucht 41
Das Weltall ohne Mitte 44
Ist alles falsch? 46
Hubble und seine Folgen 48
Schneller und immer schneller? 50
Die heilige Kuh der Kosmologen 53
Wie alt ist die Welt? 55
Die Altersgebrechen der Sterne 57
Greise unter den Sternen 59
Radiosterne, die keine Sterne sind 61
Unsichtbare Wolken 63

Radioaktivität im Weltall 65
Gamows Traum 67
Die kalte Wärmestrahlung 69
Ein Gedankenexperiment 71
Als das Weltall durchsichtig wurde 73
Der Blick in die Vergangenheit 75
Wolken in der Jugend des Weltalls 77
Sind die Naturkonstanten konstant? 80
Warum die Nacht schwarz ist 82
Der dunkle Anblick des hellen Anfangs 84
Der glühende Hintergrund 86
Die ersten chemischen Elemente 89
Die Bausteine der Materie entstehen 92
Die Geschichte der Ursuppe 94
Warum es uns eigentlich nicht geben kann 96
Dunkle Materie 98
Die ungeliebte Naturkonstante 100
Die Auferstehung von Lambda 102
Zurück zur Sekunde null 104
Die Gesetze der Grauen Epoche 107
Ist das Rätsel ein Rätsel? 110
Die Gesetzlosigkeit der Weißen Epoche 112
Aufgeblasene Quantenphysik 114
Das Standardmetermaß am WMAP-Himmel 117
Warum ist die Welt nicht krumm? 124
Der Mensch im Fadenkreuz 127
Fremde Universen 129
Warum ich an den Urknall glaube 131
Ist das alles? 133
Register 135

Vorwort

Im Jahr 2003 erschien im Piper Verlag meine *Kosmologie für die Westentasche* in einer Reihe, deren Bändchen kurz gefasste Zusammenfassungen eines wissenschaftlichen Themas waren. Vor wenigen Monaten schlug mir der Verlag vor, eine Neuauflage zu verfassen, die nun in einer anderen Reihe des Verlags erscheinen sollte.

Erst als ich mit der Arbeit begann, merkte ich, wie viel in der Zwischenzeit an Entdeckungen hinzugekommen war. Damals war das Nonplusultra der Kosmologie die Deutung der noch recht unscharfen ersten Karten der kosmischen Hintergrundstrahlung und die Frage, warum sich das Weltall beschleunigt ausdehnt. Damals ahnte man und jetzt weiß man, dass es neben der dunklen, also nicht leuchtenden Materie, die sich nur durch ihre Schwerkraft bemerkbar macht, auch noch einen anderen Stoff im Weltall gibt, dessen Dichte die der sichtbaren und dunklen Materie merklich übersteigt, die sogenannte *Dunkle Energie*. Aus der Hintergrundstrahlung hatte man inzwischen auch gelernt, dass die Geometrie des Weltraums die Euklidsche Geometrie ist, die wir in der Schule gelernt haben. In anderen Worten: Der Weltraum ist nicht gekrümmt, sondern flach. Das musste in die neue Fassung.

Um die Dinge begrifflich auseinander zu halten, habe ich wie in der ersten Fassung den Ablauf der Geschichte des Weltalls in drei Epochen eingeteilt. Die dritte ist die, in der wir jetzt leben und in der unsere Physik durch Experimente nachgeprüft werden kann. Das ist die *Epoche der Experimentalphysik*. Doch die Naturgesetze der ersten Epoche, in der alles begann und die ich die *Weiße Epoche* nenne, kennen wir nicht. Deshalb können wir zum Beispiel nicht sagen: »Am Anfang waren Temperatur und Dichte der Weltmaterie unendlich«, sondern nur: »Das Weltall sieht so aus, als wären Materie und Strahlung aus der Weißen Epoche mit extrem hoher Dichte und Temperatur hervorgegangen.« Zwischen diesen beiden Epochen liegt ein Zeitraum, in dem Materie und Strahlung zu heiß und zu dicht waren, um sie heute im Experiment untersuchen zu können. Wir können nur hoffen, dass die in der Epoche der Experimentalphysik gewonnenen physikalischen Gesetze auch noch bei den höheren Dichten und Temperaturen gelten. Dieser Zeitraum ist die *Epoche der Extrapolationsphysik*.

Ich versuchte in diesem Büchlein Begriffe zu klären, die oft zu Missverständnissen führen, etwa die Vorstellung, der Urknall habe an einem Punkt begonnen. Auch die berühmte Frage, was vor dem Urknall war, stellt sich nur, wenn unser heutiger Begriff von Zeit für eine Epoche verwendet wird, für die er nicht gilt.

Ich danke meinem Freund, dem Göttinger Mathematiker Hans-Ludwig de Vries, für seine Hilfe bei der ersten Auflage und dem Piper-Verlag und seinen Mitarbeitern Hanns Polanetz und Klaus Stadler für die Hilfe bei der Erstauflage und Frau Anne Wiedemeyer für Ihre Hilfe bei der Neuauflage.

Göttingen, im März 2011
Rudolf Kippenhahn

Einleitung

Wer sich in die Welt im Großen oder in die im Kleinen vertiefen will, der lasse alle Anschauung fahren, denn sie ist dafür nicht geschaffen. Unsere Gehirne entwickelten sich im Laufe von Jahrmillionen so, dass wir den Wettkampf mit anderen Lebewesen bestehen konnten. Merkwürdigerweise lernten wir auch, über »nutzlose« Dinge nachzudenken, die für den Überlebenskampf unwichtig waren. So können wir abstrakte mathematische Gedankengebäude entwickeln, die keinen unmittelbaren Nutzen haben. Es ist ein Wunder, dass die Evolution so nebenher und anscheinend völlig zweckfrei in unseren Gehirnen Fähigkeiten entstehen ließ, die es uns heute möglich machen, Vorgänge in der Welt der Sterne und der Welt der Atome zu verstehen, denn diese Fähigkeiten haben uns im Überlebenskampf der Vorzeit keinerlei Vorteile gebracht.

Aber nicht alle Bereiche unseres Denkens sind diesem Höhenflug in die Welt des nicht unbedingt Nützlichen gefolgt, zum Beispiel nicht die anschauliche Vorstellung. Bei den großen Entfernungen zu den Sternen, deren Licht uns erst nach Millionen von Jahren erreicht, und bei den kleinen Abständen zwischen den Atomen um uns versagt unsere Vorstellungskraft. Sie ist im Bereich des täglichen Lebens zurückgeblieben. Wir kennen krumme *Linien* und krumme *Flächen*, doch krumme *Räume* können sich nicht einmal die Mathematiker anschaulich vorstellen, obwohl sie mit ihnen rechnen.

Andere Erfahrungen aus unserer Umwelt halten wir für selbstverständlich, obwohl sie es bei genauerer Betrachtung nicht sind. »Aus nichts wird nichts« ist so eine Selbstverständlichkeit oder »Alles hat seine Ursache«. Wir sehen es auch als ganz natürlich an, dass es vor jedem Vorgang einen anderen gegeben haben muss und dass wir mit Recht fragen dürfen: »Was war davor?« Diese Feststellungen und Fragen sind im täglichen Leben berechtigt. Doch sie machen keinen Sinn, wenn wir aus diesem Bereich heraustreten, etwa wenn wir fragen, was die Ursache dafür ist, dass ein bestimmtes Radiumatom gerade in diesem Augenblick zerfällt, oder wenn wir fragen, was vor dem Anfang der Welt gewesen ist.

In den folgenden Kapiteln werden wir uns oft in Bereichen bewegen, in denen unsere Erfahrungen aus dem täglichen Leben nicht unbedingt gelten. Zwar kann das menschliche Denken der Logik der Natur folgen, oft lässt es aber die Anschauung hinter sich.

Die Milchstraße

Das milchig-weiße Band der Milchstraße zieht sich über Nord- und Südhimmel. Als Erster richtete der italienische Gelehrte Galileo Galilei im August des Jahres 1609 ein Fernrohr zum Himmel und erkannte, dass dieser Streifen aus zahllosen Einzelsternen besteht. Wo das Auge helle Flecken wahrnimmt, zeigt das Fernrohr Anhäufungen von Sternen. Auf Himmelsaufnahmen scheint es manchmal, als stünden sie so dicht beieinander, dass sich ihre Oberflächen berüh-

Die Milchstraße am Südhimmel. Im Vordergrund die Gebäude der Interamerikanischen Sternwarte auf dem Cerro Tololo in Chile. Links zwei benachbarte Sternsysteme, die Große (links unten) und die Kleine Magellansche Wolke (links oben). (Aufn. R. Smith, NOAO/AURA/NSF)

ren. In Wahrheit sind sie weit voneinander entfernt, und nur dieselbe Blickrichtung und ihre große Entfernung von uns täuschen vor, sie seien nahe beieinander.

Die Sterne erfüllen den Raum nicht gleichförmig, sondern stehen in einer verhältnismäßig flachen Scheibe, die auch unsere Sonne mit ihren Planeten beherbergt. In welche Richtung wir auch in den Raum hinausschauen, überall finden wir Sterne. Blicken wir senkrecht zur Ebene der Scheibe hinaus, sehen wir verhältnismäßig wenige. In Richtung der Kante nehmen wir dagegen viele Sterne wahr. So

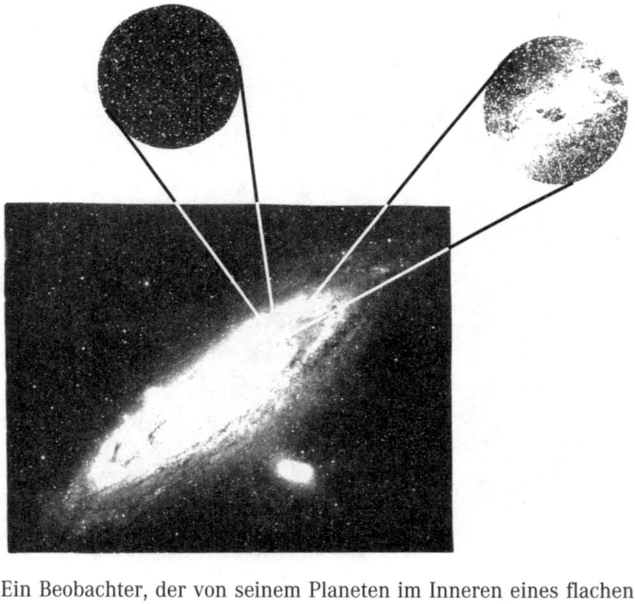

Ein Beobachter, der von seinem Planeten im Inneren eines flachen Sternsystems wie dem unseren in verschiedenen Richtungen zur Kante blickt, sieht ein sternreiches Band wie das unserer Milchstraße. Schaut er dagegen senkrecht zur Scheibenebene in den Raum, sieht er nur wenige Sterne.

erscheint uns die mit Sternen erfüllte Scheibe am Himmel als breiter, sternreicher Streifen, die Milchstraße.

Die Sonne und ihre Planeten, mitsamt der Erde, sind nur winzige Pünktchen in dieser gewaltigen Ansammlung von Sternen, das die Astronomen *Milchstraßensystem* nennen oder *Galaxis*.

Der Abstand Sonne-Erde

Wie weit draußen im Raum stehen die Sterne? Die Sonne, der uns am nächsten stehende Stern, ist für unsere irdische Vorstellung extrem weit entfernt. Ihr Licht benötigt mit seiner Geschwindigkeit von 300000 Kilometern pro Sekunde für den Weg zu uns 8 Minuten. Würde die Sonne schlagartig erlöschen, wir würden es nicht sofort merken.

Dass Erde und Sonne 150 Millionen Kilometer voneinander entfernt sind, haben französische Astronomen erst im 17. Jahrhundert herausgefunden. Sie benutzten dazu den Planeten Mars und die Gesetze der Planetenbewegung. Je genauer sie die Bewegungen der Planeten verfolgen konnten, umso besser konnten sie die Sonnenentfernung bestimmen. Die Erde bewegt sich nicht genau auf einer Kreisbahn. Deshalb schwankt ihr Abstand zur Sonne im Laufe eines Jahres geringfügig. Im Mittel aber beträgt er 149,5979 Millionen Kilometer.

Heute haben Raumsonden weite Bereiche des Sonnensystems durchquert, haben Planeten angesteuert oder sind zum vorbestimmten Zeitpunkt auf ihnen gelandet. Das hat die schon vor Jahrhunderten ermittelten Abstände der Planetenbahnen, auch die der Erde, bestens bestätigt. Darüber hinaus gelang es, Radarsignale zu mehreren Planeten und sogar zur Sonne zu senden und die von dort zur Erde zurückgeworfenen Echos zu empfangen. Da sich Radarwellen mit Lichtgeschwindigkeit durch den Raum bewegen, folgen aus den Eintreffzeiten der Radarechos die Wegstrecken, die sie zurückgelegt haben. Das Ergebnis: Die Entfernungen zwischen den Planetenbahnen, und insbesondere der Abstand Sonne-Erde, sind genau so, wie sie die Astronomen schon seit Langem kennen.

Der mittlere Abstand Erde-Sonne ist eine der wichtigsten Größen in der Astronomie, denn mit ihm loten die Astronomen auch die Welt der Sterne aus. Deshalb nennen sie diesen Abstand auch *Astronomische Einheit*, abgekürzt 1 AE. Sie entspricht dem 23 000-fachen Durchmesser der Erde.

Feldmesserei in der Milchstraße

Die Sonne ist weit, aber nahe im Vergleich zu den anderen Sternen in der Milchstraße. Diese sind so weit entfernt, dass die Astronomen dafür ein eigenes Längenmaß benutzen. Das ist die Wegstrecke, die das Licht in einem Jahr zurücklegt: das *Lichtjahr* (Lj), es entspricht 9 460 000 000 000 Kilometern. Demgegenüber ist der Abstand Sonne - Erde mit seinen 8 Lichtminuten winzig. Doch er hilft uns, die Entfernungen zu anderen Sternen zu ermitteln.

Wir beobachten einen Stern an zwei verschiedenen Tagen, die ein halbes Jahr auseinanderliegen. Der Abstand der beiden Beobachtungspunkte ist dann gleich dem Durchmesser der Erdbahn, also 2 AE oder etwa 300 Millionen Kilometer. Beim zweiten Mal steht für uns der Stern in etwas anderer Richtung als beim ersten Mal. Wir erkennen

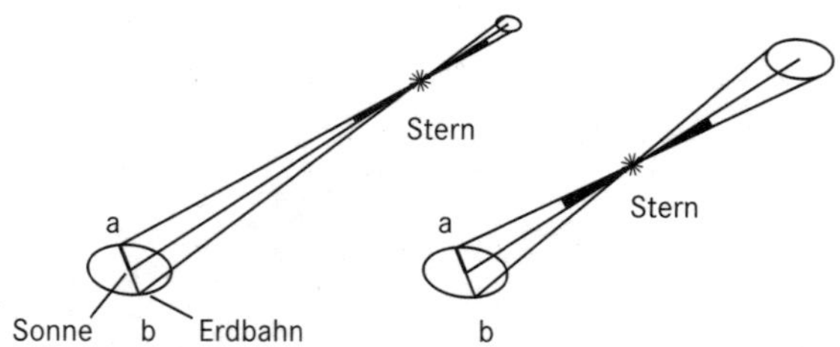

Entfernungsbestimmung nach der Parallaxenmethode: Von zwei entgegengesetzten Stellen der Erdbahn (a, b) sind die Richtungen zu einem Stern etwas verschieden. Je näher der Stern, umso größer die Parallaxen (schwarz ausgefüllte Winkel).

es daran, dass er sich gegenüber seinem weit entfernten Hintergrund etwas verschoben hat. Je näher der Stern, umso größer dieser Effekt. Der halbe Winkel dieser Verschiebung heißt die *Parallaxe* des Sterns. Aus ihr bestimmt der Astronom die Entfernung.

Die Parallaxen der Sterne sind sehr klein. Der uns nächste Fixstern, Proxima Centauri, ist immer noch so weit entfernt, dass seine Parallaxe nur 0,76 Bogensekunden beträgt. Das ist der Winkel, unter dem uns ein Euro im Abstand von 6,6 Kilometern erscheint. Die Parallaxe von Proxima Centauri liefert seine Entfernung. Es sind recht genau 40 000 000 000 000 Kilometer oder 4,23 Lichtjahre.

Sterne, deren Parallaxe eine Bogensekunde beträgt, sind 3,26 Lj entfernt. Diese Entfernung nennen die Astronomen ein *Parsek* (pc). Die tausendfache Entfernung ist ein *Kiloparsek* (kpc), und 1000 kpc sind ein *Megaparsek* (Mpc).

Sehr kleine Parallaxen lassen sich nur von Satelliten aus messen. Der 1989 gestartete Satellit HIPPARCOS konnte noch Entfernungen von etwa 500 pc (etwa 1600 Lichtjahre) bestimmen. Das Licht, das uns von diesen Sternen erreicht, wurde ausgesandt, als während der Völkerwanderung in Europa die Goten unter ihrem König Alarich in Oberitalien eindrangen.

Je entfernter, umso schwächer

Die meisten Sterne in unserem Milchstraßensystem stehen so weit draußen im Raum, dass ihre Parallaxe selbst vom Messsatelliten HIPPARCOS nicht erfasst werden konnte. Doch nicht nur die Parallaxe verrät uns etwas über die Entfernung eines Sterns, auch die Helligkeit, mit der er am Himmel zu sehen ist, gibt uns einen Hinweis.

Wir kennen es von der Erde her: Im Licht einer nur wenige Meter entfernten Straßenlaterne kann ich Zeitung lesen. Das Licht einer Laterne gleicher Leuchtstärke in einigen Kilometern Abstand nehme ich nur wahr, wenn ich direkt zu ihr blicke. Die Sonne macht den Tag hell. Der Stern Eta im Sternbild Cassiopeia hat etwa die gleiche Leuchtstärke, trotzdem erscheint er uns nur als ein unscheinbares Lichtpünktchen. Der Grund: Er ist von uns nicht 8 Lichtminuten, sondern 19 Lichtjahre entfernt.

Das Gesetz, nach dem sich die Helligkeit einer Lichtquelle mit ihrer Entfernung verringert, ist einfach: Doppelte Entfernung – ein Viertel der Helligkeit, dreifache Entfernung – ein Neuntel der Helligkeit. Etwas mathematischer ausgedrückt: Die Helligkeit einer Lichtquelle sinkt mit dem Quadrat der Entfernung. Wenn ich von einem fernen Stern weiß, dass er die gleiche Leuchtstärke hat wie die Sonne, so kann ich seine Entfernung bestimmen. Ich muss nur die Helligkeit messen, mit der er am Himmel erscheint. Die Astronomen sprechen von seiner *scheinbaren Helligkeit* und messen sie mit Instrumenten, die den in unseren Fotoapparaten eingebauten Belichtungsmessern ähneln. Das Leben der Astronomen wäre sehr viel einfacher, wenn die Sterne alle gleich starke Strahler wären. Dann würden alle nahen Sterne hell, die entfernteren schwach erscheinen. Die Astronomen müssten dann nur die scheinbare Helligkeit der Sterne messen, um daraus ihre Entfernung zu bestimmen.

Aber die Sterne leuchten nicht gleich stark. In Kilowatt ausgedrückt ist die Strahlungsleistung der Sonne eine 24-stellige Zahl. So ungeheuer groß das auch ist, sie ist nichts Besonderes. Deneb, der hellste Stern im Sternbild Schwan, strahlt etwa 70 000-mal stärker. Wenn also ein Stern am Himmel hell erscheint, kann er entweder ein schwach strahlender Stern sein, der nahe steht, oder ein stark strahlender in großer Entfernung. Wer also aus der scheinbaren Helligkeit eines Sterns etwas über seine Entfernung erfahren will, der muss wissen, wie groß seine Strahlungsleistung ist. Anstelle von Strahlungsstärke oder Strahlungsleistung, also der Energiemenge, die der Stern in jeder Sekunde in den Raum strahlt, sprechen die Astronomen von seiner *Leuchtkraft.*

Doch wie sehe ich einem Stern seine Leuchtkraft an?

Rhythmische Sterne als Standardkerzen

Es gibt Sterne, denen man ihre Leuchtkraft ansehen kann. Die bekanntesten sind die pulsierenden Sterne. Die aus ihrem Inneren zur Oberfläche dringende Energie zwingt sie, sich rhythmisch aufzublasen und danach wieder zu schrumpfen.

Der Vorgang ist ähnlich dem in einer Orgelpfeife. Die Luft wird gleichmäßig in sie hineingeblasen und beginnt in der Pfeife zu schwingen. Danach verlässt sie den Hohlraum der Pfeife im Rhythmus des Pfeifentones. Bei pulsierenden Sternen wird die Energie nicht gleichmäßig von der Oberfläche abgestrahlt, sondern einmal stärker, einmal schwächer. Die Schwingungen des Sterns können wir daher an seinen Helligkeitsänderungen erkennen.

Für die kosmische Entfernungsmessung sind zwei Arten von pulsierenden Sternen besonders wichtig. Bei einer, den sogenannten *Delta-Cephei-Sternen* (benannt nach einem typischen Vertreter im Sternbild Cepheus), steigt die Leuchtkraft im Rhythmus von Tagen. Bei der anderen Art, den *RR-Lyrae-Sternen* (der Name stammt von einem dieser Sterne im Sternbild der Leier), liegt die Periode unter einem Tag.

Die RR-Lyrae-Sterne haben angenähert alle die gleiche Leuchtkraft. Aus ihren Entfernungen folgt, dass sie etwa 75-mal stärker strahlen als die Sonne. Delta-Cephei-Sterne sind stärkere Strahler. Ihre Leuchtkraft ist umso größer, je länger die Schwingungsperiode ist. So wie die Schwingungs-

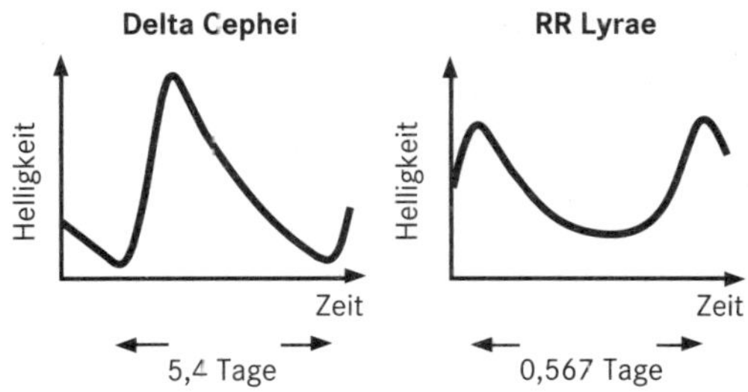

Die Helligkeiten der veränderlichen Sterne vom Typ Delta Cephei und RR Lyrae schwanken im Rhythmus von Tagen und Stunden. Ihre Periode gibt Auskunft über ihre Leuchtkraft und damit über ihre Entfernung.

dauer bei der Orgelpfeife von ihrer Größe abhängt (je größer die Pfeife, umso tiefer der Ton), so hängt die Schwingungsdauer dieser Sterne von ihrer Leuchtkraft ab (je länger die Periode, umso größer die Leuchtkraft).

Da man aus den Helligkeitsschwankungen der pulsierenden Sterne durch fortlaufende Beobachtung die Schwingungsperiode relativ leicht ermitteln kann, sind die pulsierenden Sterne *Standardkerzen*, gewissermaßen ideale Meilensteine im Weltall. Ihre Leuchtkraft folgt aus ihrer Periode, aus ihrer Leuchtkraft und ihrer scheinbaren Helligkeit folgt ihre Entfernung.

Es waren die RR-Lyrae-Sterne, mit denen der amerikanische Astronom Harlow Shapley um die Zeit des Ersten Weltkriegs unser Milchstraßensystem ausgemessen hat.

Die Milchstraße wird ausgemessen

Etwa 80 Jahre, bevor HIPPARCOS in seine Umlaufbahn geschossen wurde, konnten die Astronomen die Parallaxen nur vom Erdboden aus messen. Die Erdatmosphäre verbeulte die Bilder der Sterne und ließ sie schwanken. Deshalb kannte man nur die Parallaxen von Sternen, die näher sind als etwa 300 Lichtjahre. So nahe steht keiner der pulsierenden Sterne, die als Standardkerzen dienen könnten. Doch der auf dem Mount-Wilson-Observatorium in Kalifornien arbeitende Astronom Harlow Shapley benutzte eine

Der Kugelsternhaufen M55 am Südhimmel enthält nahezu 100 000 Sterne. Das Licht, das wir von ihm heute empfangen, war 20 500 Jahre unterwegs. (Aufn. ESO)

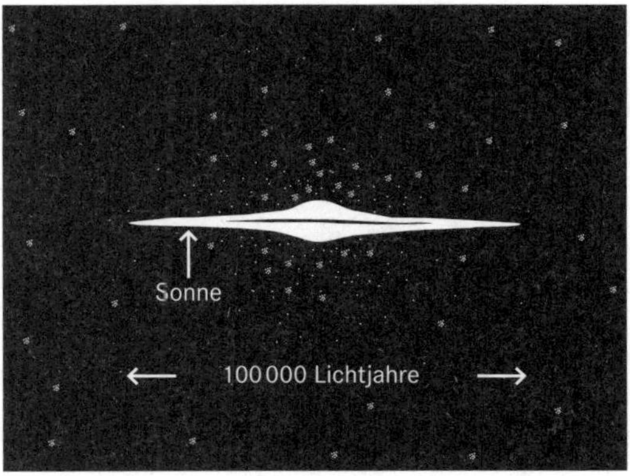

Das Milchstraßensystem (schematisch) von der Seite gesehen. Die Scheibe mit dunklen Staubwolken in ihrer Mittelebene ist im Halo eingebettet, der Sternhaufen und einzelne Sterne enthält.

andere, indirekte Methode, Entfernungen von RR-Lyrae-Sternen zu schätzen. Das lieferte ihm die Leuchtkraft dieser Sterne, von denen er bereits wusste, dass sie alle nahezu gleich starke Strahler sind. Viele dieser veränderlichen Sterne stehen in *Kugelsternhaufen*. Das sind Ansammlungen von Tausenden oder Hunderttausenden von Sternen, zusammengedrängt auf einen engen, kugelförmigen Raum. Diese Sternhaufen erfüllen ein Raumgebiet, das die Milchstraßenscheibe umgibt, den sogenannten *Halo*. Shapley konnte die Entfernungen der Kugelsternhaufen mithilfe der RR-Lyrae-Sterne in ihnen bestimmen.

Er fand, dass das Zentrum des Halos von uns aus gesehen in Richtung des Sternbildes Schütze liegt. Shapley schloss daraus, dass nicht nur der Mittelpunkt des Halos, sondern auch der der Milchstraßenscheibe nicht bei uns liegt, sondern in Richtung Schütze. Anders als man vorher geglaubt hatte, bilden wir nicht die Mitte des Milchstraßensystems. Tatsächlich sind wir mit unserer Sonne von diesem Mittelpunkt etwa 32 000 Lichtjahre entfernt.

Der Raum zwischen den Sternen

Das Milchstraßensystem ist eine mit Sternen angefüllte Scheibe, so groß, dass ein Lichtstrahl nahezu 100 000 Jahre benötigt, um sie von Rand zu Rand zu durchqueren. Sie enthält neben der Sonne noch etwa 100 Milliarden anderer Sterne. Das sind etwa so viele, wie Reiskörner dicht gepackt in das Innere einer Kirche passen, und die Sonne ist nur eines von ihnen. Aber die Sterne in der Scheibe sind nicht dicht gepackt. Ihre Größen und ihre Entfernungen voneinander entsprechen in unserem Vergleich einer Handvoll von Reiskörnern, über ganz Mitteleuropa verstreut.

Die Scheibe ist vom Halo der Milchstraße umgeben, einem kugelförmigen Raumgebiet, dessen Durchmesser wesentlich größer ist. In ihm finden wir einzelne Sterne und Kugelsternhaufen. Die Dichte der Halo-Objekte nimmt in Richtung des Zentrums zu. Da die Scheibe in den Halo eingebettet ist, stehen auch in ihr Halosterne und Kugelsternhaufen.

Doch zwischen den Sternen der Scheibe ist der Raum nicht leer, in ihm stehen Gaswolken, hauptsächlich aus Wasserstoff, dem häufigsten chemischen Element im Weltall. Das Gas zwischen den Sternen ist stark verdünnt. In einem Liter befinden sich meist weniger als 500 Atome. Zum Vergleich: In einem Liter der uns umgebenden Luft ist die Zahl der Atome eine 24-stellige Zahl. Das Gas im Halo aber ist noch stärker verdünnt als das in der Scheibe.

Daneben gibt es im Raum zwischen den Sternen auch

noch Staub. In einem Raumgebiet von 1000 Litern ist im Mittel ein Staubkorn von der Größe von Millionstel Zentimetern. Der Halo dagegen ist praktisch staubfrei.

Die Entfernungsbestimmungen mithilfe von Standardkerzen werden durch den Staub verfälscht. Erscheint ein Stern schwach, weil er weit entfernt steht oder weil sein Licht von den Staubschleiern, die es auf dem Weg zu uns durchdringen muss, geschwächt wurde? Glücklicherweise können die Astronomen dem ankommenden Sternlicht ansehen, wie stark es durch den Staub abgeschwächt worden ist. Der Staub lässt das Sternlicht röter erscheinen, so wie die Staubschichten in der Luft die untergehende Sonne rot erscheinen lassen.

Dunkle Wolken und leuchtende Nebel

Das Band der Milchstraße erscheint uns recht unregelmäßig. Da gibt es helle und dunkle Flecken. Das liegt vor allem am unregelmäßig verteilten Staub, der das Licht der dahinter stehenden Sterne schwächt. Besonders hell erscheint uns die Milchstraße im Sternbild des Schützen. In dieser Richtung steht das sternreiche Zentrum der Scheibe. Tatsächlich zeigt das Fernrohr, dass an den hellen Stellen zahl-

Der leuchtende Gasnebel im Sternbild Orion. Heiße Sterne bringen das Gas in ihm zum Leuchten, Staubwolken reflektieren das Sternlicht. (Aufn. R. Gendler, NASA)

lose Sterne stehen, die das Auge sonst gar nicht einzeln erkennen kann.

Es gibt aber auch helle Flecken in der Milchstraße, die ihr nebliges Aussehen selbst in den größten Fernrohren beibehalten, das sind leuchtende Gaswolken.

Ein Beispiel dafür ist das Nebelwölkchen, das wir an Winterabenden im Sternbild des Orion schon mit bloßem Auge erkennen können, der *Orionnebel*. In ihm werden Gasmassen von jungen Sternen zum Leuchten angeregt. Es gibt in der Scheibe viele solche leuchtenden *Gasnebel*.

Staubwolken schwächen das durch sie gehende Licht. Im Band der Milchstraße erscheinen sie als dunkle, sternleere Flecken. In der Abbildung auf Seite 11, rechts neben dem Kuppelgebäude in der Mitte, ist eine solche Wolke, der sogenannte *Kohlensack*, zu erkennen.

Der »Pferdekopfnebel« im Sternbild Orion ist eine Staubwolke, die das Licht der dahinter stehenden Sterne und Gaswolken verschluckt.

Eine besondere Klasse von Nebeln

Im Sternbild Andromeda steht ein matt leuchtendes elliptisches Wölkchen, das wir in mondlosen Nächten schon mit dem unbewaffneten Auge sehen können, der *Andromedanebel.* Nach der Erfindung des Fernrohres entdeckten die Astronomen viele solche elliptischen Wölkchen. Im Jahre 1755 wies ausgerechnet ein Philosoph, nämlich Immanuel Kant in Königsberg, darauf hin, dass unser Milchstraßensystem, aus der Ferne des Raumes betrachtet, elliptisch er-

Der Große Andromedanebel ist in mondlosen Nächten schon mit bloßem Auge zu sehen und steht in 2 Millionen Lichtjahren Entfernung. Unser Milchstraßensystem ist ähnlich aufgebaut. Die einzeln erkennbaren Sterne stehen im Vordergrund und gehören zu unserem eigenen Sternsystem. (Aufn. R. Gendler, NASA)

scheinen würde, wenn der Beobachter schräg von der Seite darauf blicken könnte. Deshalb hielt er die elliptischen Nebelflecken für weit entfernte Sternsysteme ähnlich unserem Milchstraßensystem. Je genauer man diese Nebelchen untersuchte, umso mehr unterschieden sie sich von anderen mit unregelmäßiger Struktur, wie etwa dem Orionnebel. So zeigen zum Beispiel einige von ihnen in ihrem Inneren Spiralen. Sind die elliptischen Nebel Nebelschwaden in der Milchstraße oder ferne Sternsysteme? Diese Frage bewegte die Astronomen noch Anfang der 20er-Jahre des 20. Jahrhunderts.

Im Jahre 1922 entdeckte der amerikanische Astronom Edwin P. Hubble mit dem damals größten Teleskop der Welt, dem 2,5-Meter-Spiegel in Kalifornien, im Andromedanebel einzelne Sterne, darunter einen Delta-Cephei-Stern und damit eine Standardkerze! So konnte er die Entfernung

Bei der Galaxie M51 im Sternbild der Jagdhunde blicken wir senkrecht auf die Scheibe und können die Spiralen deutlich erkennen. (Aufn. Hale Observatories)

bestimmen. Sie war für die damaligen Vorstellungen der Astronomen unglaublich. Heute wissen wir es genauer: Das Licht, das uns heute vom Andromedanebel erreicht, wurde vor zwei Millionen Jahren ausgesandt. Damals stapfte bei uns noch der Affenmensch von Java durch den Urwald.

Der Andromedanebel besteht wie unser Milchstraßensystem aus Milliarden von Sternen. Selbst mit den besten Fernrohren können wir nur die hellsten erkennen, das Licht der schwächeren Sterne erscheint im Fernrohr zu einem Nebelschleier verschmiert. Das Weltall ist von vielen solchen Sternsystemen erfüllt, den sogenannten *Galaxien*. Es gibt von ihnen mehr, als die Astronomen bis heute zählen konnten.

Das Reich der Galaxien

Je besser die Fernrohre, je mehr Licht sie sammeln, umso mehr Galaxien können die Astronomen in den Fernen des Raumes erkennen. Das Weltall ist von Sternsystemen erfüllt, die Millionen oder Milliarden von Sternen beherbergen. Viele haben die Form einer Scheibe. Bei manchen blicken wir senkrecht darauf, andere sehen wir von der Seite.

Unser Milchstraßensystem und der Andromedanebel gehören zu den *Spiralgalaxien*. Längs spiralartiger Bögen liegen besonders helle Sterne. Sie sind erst kürzlich entstanden. Zwischen ihnen werden auch heute noch Sterne

Dass die Spiralgalaxien flach sind, zeigt dieses Sternsystem, das wir von der Seite sehen. (Aufn. C. Howk, B. Savage, WIYN, Inc., NASA)

geboren. Das Wort »kürzlich« ist hier im astronomischen Sinn zu verstehen und bedeutet »vor wenigen Millionen Jahren«. Das ist tatsächlich kurz im Vergleich zum Alter der Sonne und der meisten Sterne, sie sind tausendmal älter. Es gibt aber auch Galaxien ohne Spiralen, sogenannte *elliptische Galaxien.*

Wie unser Milchstraßensystem sind auch die Galaxien von einem Halo umgeben, in dem die Sterne weniger dicht stehen und in dem Kugelsternhaufen zu erkennen sind.

Oft finden wir im Raum Nester von Tausenden von Galaxien auf verhältnismäßig engem Raum zusammengepfercht. Das sind die *Galaxienhaufen.*

Eine elliptische Galaxie, die wegen ihres Aussehens »Sombrero-Galaxie« genannt wird. Staubwolken in der Mittelebene absorbieren das Licht der dahinter stehenden Sterne und bilden den dunklen Streifen. (Aufn. ESA)

Der Galaxienhaufen im Sternbild Perseus, dessen Zentralgebiet hier zu sehen ist, erstreckt sich über acht Vollmondbreiten und enthält etwa 500 Galaxien. Die scharfen Punkte sind Vordergrundsterne, die diffusen Flecken sind Galaxien. (Digitized Sky Survey)

Der Blick ins Unendliche

Nachdem Hubble die Entfernung des Andromedanebels mithilfe eines pulsierenden Sterns gefunden hatte, entdeckte er auch in einigen anderen Galaxien solche Standardkerzen und konnte ihre Entfernungen bestimmen. Sie stehen noch weiter draußen.

Wenn wir in den Raum hinausschauen, geht unser Blick zuerst an den relativ nahen Sternen unserer Galaxis vorbei. Das Gesichtsfeld kleinerer und mittlerer Teleskope zeigt vor allem ihre Sterne und nur gelegentlich dahinter eine ferne Galaxie. Als aber im Jahre 1948 das Spiegelteleskop von 5 Metern Durchmesser auf dem Mount Palomar, südlich von Los Angeles, in Betrieb genommen wurde, zeigten die damit gewonnenen Bilder mehr Galaxien als Vordergrundsterne. Mit modernen Teleskopen gelingen heute Aufnahmen von extrem weit entfernten Galaxien. Sie erscheinen auf den Bildern umso kleiner, je weiter entfernt sie sind. Noch bessere Teleskope oder noch längere Belichtungszeiten würden noch fernere Sternsysteme erkennen lassen.

Geht das so weiter? Ist der Raum bis in die Unendlichkeit mit Galaxien ausgefüllt, von denen jede Milliarden Sterne enthält? Oder ist irgendwann einmal ein Ende erreicht?

Wenn die Folge der Sternsysteme kein Ende hat, dann müssten wir an jedem Punkt des Himmels auf eine Galaxie blicken, die aus Sternen besteht, deren Oberflächen so hell strahlen wie die der Sonne. Müsste dann nicht der Himmel tagsüber wie auch nachts gleißend hell strahlen? Die Antwort geben uns die unvorstellbar großen Geschwindigkeiten, mit denen die Galaxien durch den Raum fliegen (vgl. S. 82).

Wie aber gelingt es den Astronomen, Geschwindigkeiten von Objekten zu messen, die so weit draußen stehen, dass ihr Licht Jahrmillionen zu uns unterwegs ist?

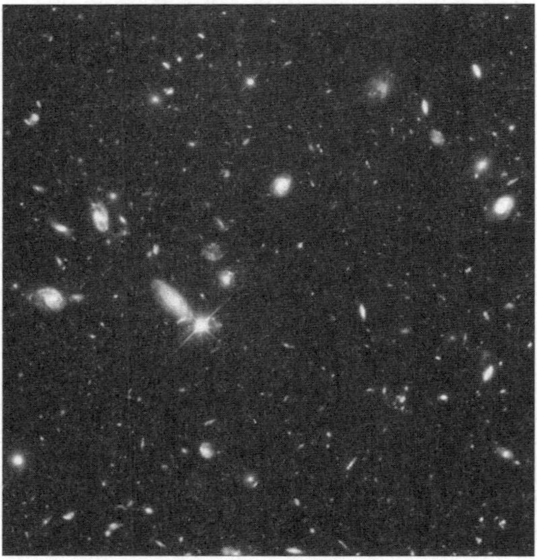

Die mit dem Hubble-Weltraumteleskop gewonnene Aufnahme zeigt Galaxien bis hinaus in die größten Entfernungen. Die punktförmigen Gebilde sind keine Vordergrundsterne, sondern ferne Sternsysteme. (Aufn. R. Williams, NASA)

Was Lichtwellen verraten

Was ist Licht? Was regt die Zellen unserer Netzhaut so an, dass sie Signale an das Gehirn absenden, nach denen sich dieses ein Bild von unserer Umgebung macht? Erst seit der Mitte des 19. Jahrhunderts wissen wir, dass Licht aus elektrischen und magnetischen Feldern besteht, die sich wellenartig durch den Raum bewegen. Die Felder sind schwach und wechseln ihre Richtung viele billionenmal in der Sekunde. Die Zellen unserer Netzhaut nehmen sie wahr und erkennen sogar, welche *Wellenlänge* das Licht besitzt. Wir können unterscheiden, ob die Wellenlänge eines Lichtstrahls 7 oder nur 5 Zehntausendstel Millimeter beträgt, denn im ersten Fall sehen wir den Lichtstrahl rot, im zweiten Fall blau. Wir empfinden die Wellenlängen des Lichtes als Farben. Licht ist fast immer eine Mischung von Strahlen verschiedener Wellenlänge. Im Licht, das ein rot glühendes Stück Eisen aussendet, ist der Anteil langwelligen, roten Lichtes größer als im Sonnenlicht. Die Mischung des Sonnenlichtes empfinden wir als weiß. Je niedriger die Temperatur eines glühenden Körpers, umso langwelliger sein Licht. So verrät uns die Farbe etwas über die Temperatur der Oberfläche eines Sterns. Beteigeuze im Orion erscheint uns rötlicher als das Licht von Sirius. Beim ersten Stern liegt die Temperatur bei etwa 3000°, beim zweiten bei 9500°.

In speziellen Geräten, den *Spektralapparaten*, wird das Licht eines Sterns nach den in ihm gemischten Strahlen verschiedener Wellenlänge geordnet. Es entsteht ein Streifen, an dem entlang sich die Farben wie im Regenbogen erstrecken, etwa links das kurzwellige, rechts das langwellige Licht, links blau bzw. violett und rechts rot. Der bunte Streifen ist das *Spektrum* des Sterns.

Zuerst bemerkte man es im Spektrum der Sonne, dann auch in dem anderer Sterne: An mehreren Stellen zeigen sich dunkle Linien. Das heißt von den Sternen kommt bei ganz bestimmten Wellenlängen kein oder nur wenig Licht zu uns. Schuld daran sind die Atome der Sternatmosphären. Sie filtern aus den auf uns gerichteten Strahlen Licht ganz bestimmter Wellenlängen heraus. Da diese Wellenlängen für die verschiedenen Atome verschieden sind, erkennt man an den dunklen Linien in den Sternspektren, den *Absorptionslinien*, aus welchen Atomen die Sternatmosphären bestehen. So können die Astronomen die Atmosphären der Sterne chemisch analysieren, ohne auch nur eine Spur ihrer Stoffe im Reagenzglas zu haben.

Das Ergebnis: Wasserstoff ist das häufigste Element im Weltall. Die Spektren nahezu aller Sterne verraten, dass ihre äußeren Hüllen hauptsächlich aus Wasserstoff bestehen.

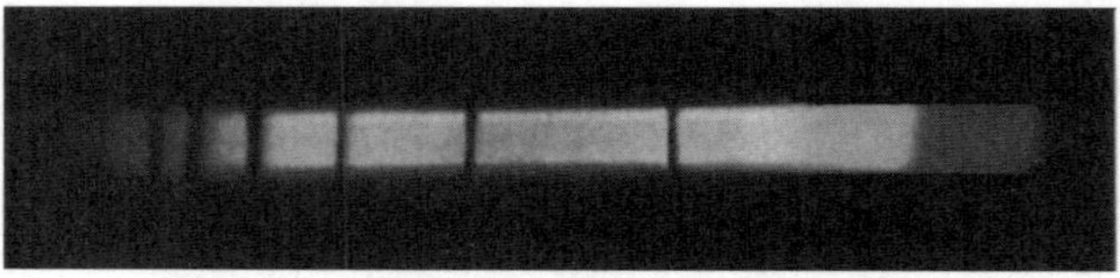

Das Spektrum eines Sterns. Das langwellige, rote Licht ist rechts. Die vertikalen dunklen Linien sind die in der Sternatmosphäre erzeugten Absorptionslinien.

Der Effekt des Christian Doppler

Der in Salzburg geborene Physiker Christian Doppler (1803–1853) hatte eine geniale Idee. Licht eilt zwar mit einer großen, aber doch mit einer endlichen Geschwindigkeit durch den Raum. Darauf beruht eine später nach ihm benannte Erscheinung. Wir haben sie alle schon einmal wahrgenommen.

Wenn der Unfallwagen mit lautem Martinshorn auf uns zurast, hören wir den Ton höher als danach, wenn er an uns vorbeigefahren ist. Das ist der Dopplereffekt. Es gibt ihn nicht nur beim Schall, sondern auch beim Licht. Eine Lichtquelle, die bei einer bestimmten Wellenlänge Strahlung aussendet, scheint uns, wenn sie sich auf uns zubewegt, mit einer kürzeren Wellenlänge abzustrahlen als im Ruhezustand, mit einer längeren, wenn sie sich von uns entfernt.

Den Dopplereffekt gibt es bei allen regelmäßig ausgesandten Signalen, zum Beispiel auch bei Brieftauben: Ein Brieftaubenzüchter geht auf die Reise und verspricht seiner Familie, täglich einmal zu schreiben und dazu in 24-stündigem Abstand jeweils eine Taube loszulassen. Seine Tauben kommen dann, während er sich immer weiter von den Seinen entfernt, in größerem Zeitabstand an, denn jedes Tier hat einen längeren Weg zurückzulegen als sein Vorgänger. Ist der Züchter aber auf dem Nachhauseweg, kommen sie in kürzerem Abstand zurück, denn jedes Tier hat einen kürzeren Weg zurückzulegen als sein Vorgänger.

Das ist auch so bei den von einer Lichtquelle ausgesandten Lichtteilchen, den *Photonen*, die aus in regelmäßigem Zeitabstand ausgesandten elektrischen und magnetischen Wellenbergen bestehen. Je größer der zeitliche Abstand der eintreffenden Wellenberge, umso größer die Wellenlänge.

In den Spektren der Sterne erscheinen die Absorptionslinien, etwa die des Wasserstoffs, bei ganz bestimmten Wellenlängen. Wenn sich der Stern von uns wegbewegt, sehen wir sie bei größeren Wellenlängen, bewegt er sich auf uns zu, bei kleineren. Aus der Stärke der Verschiebung errechnet der Astronom die Geschwindigkeit.

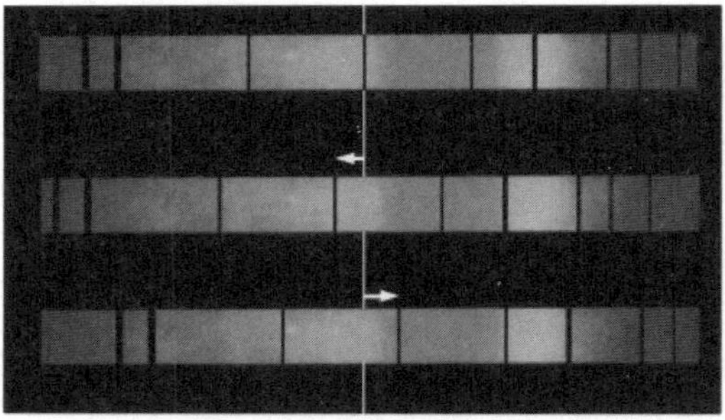

Die Dopplerverschiebung der Spektrallinien. Oben das Spektrum eines Sterns, der relativ zum Beobachter in Ruhe ist. In der Mitte bewegt sich der Stern auf uns zu (Blauverschiebung), unten von uns weg (Rotverschiebung).

Galaxien auf der Flucht

Der Dopplereffekt im Spektrum von Beteigeuze verrät, dass dieser Stern sich mit 21 km/s auf uns zubewegt. Das sind 75 600 Stundenkilometer, unvorstellbar viel für irdische Geschwindigkeiten. Aber so schwirren die Sterne in der Milchstraße herum.

Das Licht der Galaxien setzt sich aus dem Licht ihrer einzelnen Sterne zusammen. Da die chemischen Elemente in fast allen Sternen in nahezu demselben Mischungsverhältnis vorkommen, zeigen auch die Spektren der Galaxien Absorptionslinien, die denen der Sterne entsprechen, allen voran die des Wasserstoffs. Der Dopplereffekt verrät uns, mit welchen Geschwindigkeiten sie sich auf uns zu- oder von uns wegbewegen. Während sich die Andromedagalaxie

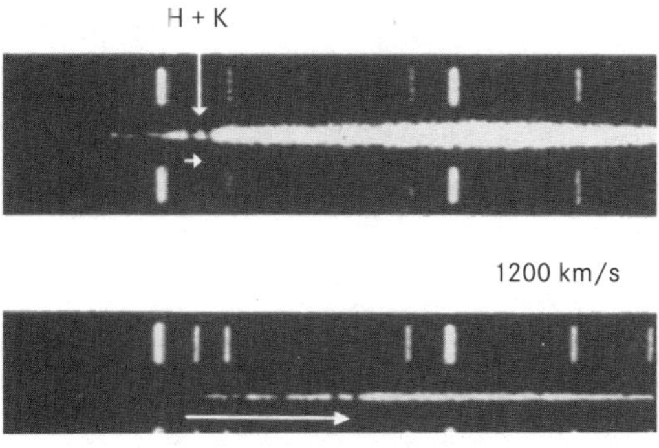

Die Spektren zweier Galaxien. Die beiden mit H und K bezeichneten Linien sind rotverschoben, oben nur wenig, die Fluchtgeschwindigkeit ist verhältnismäßig klein. Darunter das Spektrum einer sich mit größerer Geschwindigkeit entfernenden Galaxie.

mit mehr als 250 km/s uns nähert, fliegt die Jagdhundegalaxie mit 550 km/s von uns weg. Man kennt heute Galaxien, die sogar mit 200 000 km/s und mehr von uns wegfliegen.

Edwin P. Hubble untersuchte in den 20er-Jahren des letzten Jahrhunderts die Geschwindigkeiten von Galaxien und fand eine überaus einfache Gesetzmäßigkeit. Je weiter eine Galaxie von uns entfernt ist, umso schneller fliegt sie von uns weg. Entfernung und Fluchtgeschwindigkeit sind einander proportional: doppelte Entfernung, doppelte Geschwindigkeit, dreifache Entfernung, dreifache Geschwindigkeit:

$$v = H \times r.$$

Dabei ist v die Geschwindigkeit in km/s, r die Entfernung in Mpc. H ist die *Hubble-Zahl*, die wegen der Schwierigkeiten der Entfernungsbestimmung nur ungenau bekannt ist. In diesem Buch werden wir für H den Wert 75 benutzen.

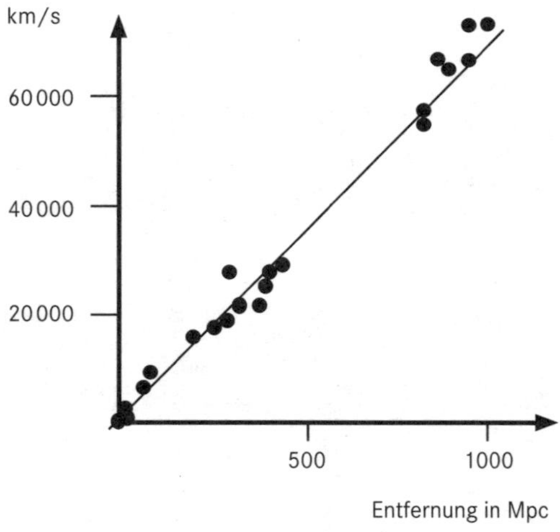

Das Hubblesche Gesetz.

Dieses *Hubblesche Gesetz* deutet an, dass alle Materie irgendwann in der Vergangenheit wie in einer Explosion in Bewegung gesetzt worden ist und seither auseinanderfliegt. Den Anfang dieser Bewegung nennen die Astronomen den *Urknall.*

Das Gesetz gilt nicht exakt, weil die einzelnen Galaxien darüber hinaus auch noch regellose Bewegungen geringer Geschwindigkeit zeigen, so bewegt sich der Andromedanebel auf uns zu. Doch je größer die Entfernung, umso besser folgen die Galaxien dem Hubbleschen Gesetz.

Das Weltall ohne Mitte

Es scheint, als stünden wir im Weltall an einer ganz besonderen Stelle, nämlich dort, von wo aus alle Galaxien wegfliegen. Der englische Astrophysiker Sir Arthur Eddington formulierte einmal: »Was haben wir denn an uns, dass alle Galaxien vor uns Reißaus nehmen, als wären wir eine Pestbeule im Weltall?« Aber Eddington wusste, dass das nur ein Scheinproblem ist. Ein einfaches Beispiel zeigt das:

Stellen wir uns vor, wir würden einen Hefekuchen backen. Der Teig ist fertig, es herrscht die richtige Temperatur, und er geht jetzt auf. Im Teig befinden sich Rosinen. Versetzen wir uns in die Lage einer Rosine, die ihre Mitrosinen beobachtet. Während der Teig aufgeht, bewegen sich alle von ihr fort, die entfernteren schneller als die näheren: doppelte Entfernung, doppelte Geschwindigkeit. Die Rosine beobachtet ein Hubblesches Gesetz. Daraus darf sie aber nicht schließen, dass sie in der Mitte des Teiges sitzt, denn jede Rosine beobachtet, dass alle anderen von ihr wegfliegen. So geht es auch uns: Aus der Tatsache, dass sich alle Galaxien von uns wegbewegen, dürfen wir nicht schließen, dass wir die Rosine in der Mitte der Welt sind.

Es ist auch ein weitverbreiteter Irrtum zu glauben, das Hubblesche Gesetz sage aus, der Urknall habe an einem bestimmten Punkt im Raum begonnen. Etwa so: An einem Punkt hat eine Art Explosion stattgefunden, darauf breitet sich von dort eine Explosionswolke wie bei einer irdischen Explosion in einen leeren Raum aus, und die Materie verdünnt sich in ihr allmählich auf immer größere Raumgebiete. Nein, das Hubblesche Gesetz besagt nur, dass die

Materie früher überall dichter war, und dass sie sich im Laufe der Zeit verdünnt, weil *alles* auseinanderfliegt.

Die Beobachtungen sprechen dafür, dass der Weltraum unendlich ist und schon immer war und dass er immer und überall mit Materie ausgefüllt war, die sich im Laufe der Zeit verdünnt*. Der Urknall war überall, und von Anfang an war der Raum bis in die Unendlichkeit mit Materie von hoher Dichte erfüllt. Das bereitet unserem Anschauungsvermögen Schwierigkeiten. Aber unsere Anschauung haben wir in der Jugend im täglichen Leben erworben, sie verlässt uns in der Welt im Großen.

* In populären Darstellungen wird gerne auf frühe Phasen des Weltalls hingewiesen, »als das Weltall so groß war wie ein Apfel« oder »wie eine Erbse«. Gemeint ist damit meist die Epoche, in der nicht das *ganze*, sondern der nur *heute beobachtbare Teil* des Weltalls diese Größen hatte.

Ist alles falsch?

Das Bild vom Urknall folgt aus der Beobachtung des Dopplereffektes in den Spektren ferner Galaxien. Hat die Rotverschiebung der Linien in den Spektren vielleicht gar nichts mit einer Fluchtgeschwindigkeit zu tun? Der amerikanische Astronom Halton Arp, der in München arbeitet, hat Galaxien und benachbarte Sternsysteme gefunden, die anscheinend physisch zusammenhängen und doch ganz verschiedene Rotverschiebungen besitzen. Nach der Schulmeinung sollten sie daher verschieden weit entfernt sein. Stehen sie nur zufällig am Himmel nahe beieinander? Manche sind aber durch Lichtbrücken miteinander verbunden, so als ob sie zusammenhingen.

Arp ist überzeugt, dass die Rotverschiebungen der fernsten Galaxien nichts mit ihrer Fluchtgeschwindigkeit und daher nichts mit ihrer Entfernung zu tun haben. Ist das ein Beweis dafür, dass das Bild vom Urknall falsch ist? Die meisten Astronomen folgen ihm nicht. Es gibt zwar einige Fälle, bei denen Objekte wie durch Lichtbrücken miteinander verbunden sind, ihre Fluchtgeschwindigkeiten aber weit auseinander liegen. Doch solche Zusammenhänge können vorgetäuscht sein, zufällig kann in dem einen oder anderen Fall ein Lichtausläufer so von einer Vordergrundgalaxie weggehen, dass es scheint, als zeigte er zu einem anderen Objekt hin, obwohl dieses weit im Hintergrund steht. Wie auch immer, man sollte Arps Argumente sorgfältig prüfen.

Oft wurde ins Feld geführt, das Licht könnte sich ja auf seinem langen Weg zu uns verändert haben, könnte energieärmer, das heißt röter geworden sein. Täuscht es uns eine zeitliche Dehnung der Folge der eintreffenden Wellenberge, also einen Dopplereffekt, vielleicht nur vor? Nein, es gibt eine Art von explodierenden Sternen, die sich in ihrem Ausbruch gleichen: gleiche Abstrahlung und völlig gleicher Helligkeitsverlauf. Man nennt sie *Supernovae vom Typ Ia.*

Wenn sie in großer Entfernung aufleuchten, dann ist ihre Lichtkurve genauso gedehnt wie die Folge der eintreffenden Wellenberge der Lichtquanten. Das ist ein unabhängiger Beweis dafür, dass die fernen explodierenden Objekte sich von uns wegbewegen. Nicht nur aufeinanderfolgende Wellenberge kommen in größerem Abstand bei uns an, auch der Zeitunterschied zwischen Anstieg und Abfall ihrer Helligkeit ist im gleichen Maßstab gedehnt. – Und das hat gar nichts mit Ermüdung zu tun.

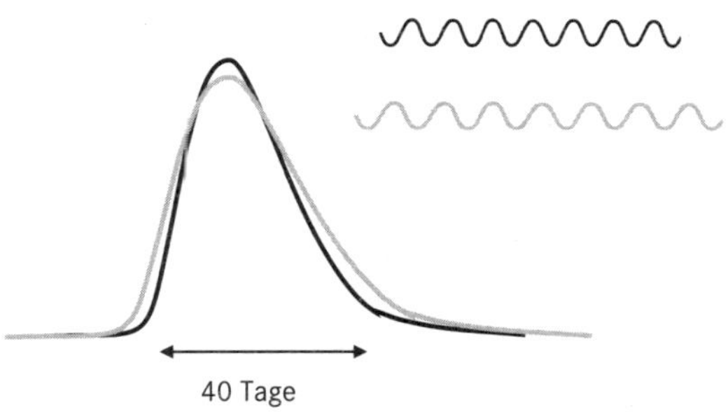

Eine Supernova leuchtet in unserer Nachbarschaft auf (schwarze Kurve in der Bildmitte) und sendet Photonen zu uns (rechts oben, schwarze Wellenlinie). Eine entfernte Supernova des gleichen Typs sendet wegen des Dopplereffektes zeitlich gedehnte Photonen zu uns (graue Wellenlinie). Im gleichen Maß, in dem die Wellenlängen dieser Photonen gedehnt sind, erscheint uns auch die Lichtkurve zeitlich gedehnt (graue Kurve).

Hubble und seine Folgen

Versuchen wir noch einmal, uns den Anfang des Weltalls vorzustellen. Aus einer Epoche, in der die uns bekannte Physik noch nicht galt, kam Materie, die sich mit großer Geschwindigkeit verdünnte. Doch die Teile der plötzlich vorhandenen Materie übten aufeinander Schwerkraft aus und zogen sich gegenseitig an. Die Gravitation verlangsamte die ursprüngliche Expansion, allerdings war diese Bremswirkung so gering, dass es ihr bis heute nicht gelungen ist, sie zu stoppen oder sogar umzukehren.

Doch an vielen Stellen im Weltall hat die Schwerkraft der Expansion längst Einhalt geboten. Zwar entfernen sich die Galaxien auch heute noch voneinander, wie das Hubblesche Gesetz es befiehlt, doch in Galaxienhaufen sorgt die gemeinsame Schwerkraft dafür, dass der Mückenschwarm der Galaxien seinen Durchmesser nicht vergrößert. Die Galaxienhaufen dehnen sich *nicht* aus. Dagegen entfernen sich die einzelnen Haufen voneinander und nehmen so an der Expansion teil. Weder das Milchstraßensystem noch unser Planetensystem werden im Laufe der Zeit größer, auch die Erde wächst nicht mit der Expansion des Weltalls.

Auf den ersten Blick ist nicht zu erkennen, ob die Schwerkraft die Expansion im Laufe der Zeit zum Stillstand bringen oder vielleicht sogar umkehren wird, so wie einem hochgeworfenen Stein von der Schwerkraft der Erde der Schwung genommen wird und er danach wieder zurückfällt.

War der Schwung des Urknalls so zögerlich, und ist die Schwerkraft so stark, dass die Expansion nach einiger Zeit in eine Kompression umschlägt? Dann würde das Weltall in vielen Milliarden Jahren in einer Implosion enden.

Oder war der Schwung des Urknalls so stark, und ist die Schwerkraft so schwach, dass sich das Weltall für immer ausdehnen wird? Im Augenblick glauben die Astronomen, dass die Expansion zwar gebremst wird, dass es aber nie zu einer Implosion kommen wird. Wir werden auf S. 103 noch einmal darauf zurückkommen.

Ein historisches Bild: Einstein hinter dem Okular des 2,5-Meter-Spiegels auf dem Mount Wilson. Bei diesem Besuch überzeugte ihn Hubble (rechts) von der Expansion des Weltalls.

Schneller und immer schneller?

Auf den ersten Blick erscheint das Hubblesche Gesetz einfach. Die Galaxie, deren Kern den Namen 3C273 trägt, bewegt sich mit etwa 120000 km/s von uns weg. Das ist nahezu die halbe Lichtgeschwindigkeit. Nach dem Hubbleschen Gesetz müsste das Objekt dann etwa 500 Millionen Lichtjahre entfernt stehen. Nach dem gleichen Gesetz müsste dann eine Galaxie in der dreifachen Entfernung mit einer Geschwindigkeit von 360000 km/s von uns fortfliegen. Das ist schneller als das Licht, und jedem, der schon etwas von Relativitätstheorie gehört hat, sträuben sich die Haare: Eine Grundregel der Physik besagt doch, dass die Lichtgeschwindigkeit nicht überschritten werden kann!

Aber wir müssen diese Regel näher betrachten. Was Einsteins Theorie besagt, ist nur das Folgende: Mag die Geschwindigkeit, die ich von einer Stelle aus einem Körper gebe, auch noch so groß sein, jeder Lichtblitz, den ich später von der gleichen Stelle aus losschicke, wird ihn überholen. Relativ zu seinem Ausgangspunkt kann sich jeder Körper nur mit Unterlichtgeschwindigkeit bewegen. Der Urknall fand aber nicht an einem Ausgangspunkt (vgl. S. 44) statt. Jene fiktive Galaxie in der dreifachen Entfernung von 3C273 war niemals mit der unsrigen am gleichen Punkt zusammen, und deshalb steht ihre Überlichtgeschwindigkeit nicht im Widerspruch zu den Grundgesetzen der Physik. Natürlich könnte ich jene mit Überlichtgeschwindigkeit wegfliegende Galaxie nicht sehen, denn das

Licht von ihr erreicht uns nicht, und auch sie weiß nichts von uns.

Deshalb deutet man die Rotverschiebung der Spektrallinien neuerdings anders: Licht, das durch den Raum geht, trägt Energie mit sich, also Materie. Diese Materie aber verändert nach Einsteins Allgemeiner Relativitätstheorie die Geometrie in ihrer Umgebung. Man kann daher sagen, dass ein Lichtquant, das mit seiner Energie auch Materie mit sich trägt, eine kleine wellenartige Ausbeulung im Raum ist, die sich mit Lichtgeschwindigkeit bewegt. Auf dem Weg zu uns dehnt sich jedoch der Raum aus, und die Wellenlänge der Ausbeulung wird so gedehnt, dass sie uns mit einer vergrößerten Wellenlänge erreicht. Je länger das Licht unterwegs ist, umso langwelliger kommt die Beule bei uns an. Der Effekt ist der gleiche wie bei der Deutung als Dopplereffekt. Jetzt aber fliegt die Galaxie nicht von uns weg, sondern wird vom expandierenden Raum getragen. Ein mit Überlichtgeschwindigkeit expandierender Raum widerspricht der Einsteinschen Theorie nicht.

Wer über das Hubblesche Gesetz nachdenkt, kann leicht einem Missverständnis unterliegen.

Das Gesetz besagt, dass die Galaxie A in 100 Mpc Entfernung die Fluchtgeschwindigkeit von 7500 km/s besitzt und die Galaxie B in 200 Mpc Entfernung sich mit 15000 km/s von uns entfernt. Wie wird es aber in der Zukunft sein, wenn Galaxie A dort sein wird, wo heute B ist? Nach dem Hubbleschen Gesetz müsste sie sich doch eigentlich dann mit 15000 km/s bewegen. Die Gravitation bremst doch die Expansion. Soll jetzt plötzlich jede Galaxie im Laufe der Zeit schneller werden?

Nein, das Hubblesche Gesetz betrifft die Galaxien, wie wir sie heute beobachten. Nur wenn die Hubble-Zahl sich im Laufe der Zeit nicht ändern würde, müssten wir schließen, dass sich die Fluchtbewegung der Galaxien beschleunigt. Über die zeitliche Veränderung der Hubble-Zahl sagt das Gesetz aber nichts.

Die heilige Kuh der Kosmologen

Als die Menschen lernten, dass sie auf einer Kugel leben, da waren sie überzeugt, dass diese Kugel die Mitte der Welt sei. Im 16. Jahrhundert überzeugte sie Nikolaus Kopernikus, dass sich die Planeten nicht um die Erde bewegen, sondern um die Sonne. Dann dauerte es nicht mehr lange, bis man merkte, dass alle Sterne am Himmel Sonnen sind. Bis zur Zeit des Ersten Weltkriegs vermuteten die Astronomen, sie stünden zumindest in der Mitte unseres Milchstraßensystems. Da lehrte sie Harlow Shapley, dass sie nicht im Zentrum stehen, und kurz darauf entdeckte Edwin Hubble, dass unsere Galaxis nur eine von vielen ist. Jeder dieser Schritte führte den Menschen ein Stück in die Bedeutungslosigkeit und ließ ihn erkennen, dass er nicht der Nabel der Welt ist.

Aus dem Hubbleschen Gesetz können wir auch nicht folgern, dass wir uns in der Mitte der Expansionsbewegung befinden, wie das Rosinenbeispiel zeigte. Deshalb nehmen die Kosmologen an, dass wir an keiner ausgezeichneten Stelle des Weltalls stehen. Anders ausgedrückt: Das Weltall bietet jedem Beobachter denselben Anblick, ob er nun in unserem Milchstraßensystem oder in einer fernen Galaxie steht. Das ist das *kosmologische Prinzip*. An ihm lassen die Kosmologen nicht rütteln.

Doch wir sehen die Milchstraße am Himmel, während ein Beobachter im Halo der Galaxis die Milchstraße als Scheibe sieht. Widerspricht das dem kosmologischen Prinzip? Nein, dieses meint nur, dass die großräumigen Strukturen die gleichen sein sollen. Jeder sieht den Himmel voller Galaxien, die sich nach dem Hubbleschen Gesetz von ihm wegbewegen. Wenn er ihre Massen und ihre Entfernungen bestimmt und daraus die mittlere Dichte der Materie in seiner Umgebung ermittelt, so soll sie an jeder Stelle im Weltall dieselbe sein.

Das Prinzip wird durch das Hubblesche Gesetz nahegelegt. Es hat die Eigenschaft, dass die Geschwindigkeiten der Galaxien, von jeder Stelle des Raumes aus beobachtet, nach demselben Gesetz verlaufen. Das Prinzip kann nicht bewiesen werden. Doch alle Weltmodelle der Kosmologen setzen es voraus, und solange keine Beobachtung dagegen spricht, halten sie daran fest.

Wir sahen schon, dass die Vorstellung, die Expansion der Welt habe wie eine irdische Explosion an einem Punkt begonnen, nicht aus dem Hubbleschen Gesetz folgt (vgl. S. 44). Sie widerspricht auch dem kosmologischen Prinzip, denn dann gäbe es ja Beobachtungspunkte, die in der Explosionswolke stehen, und solche, die von ihr noch nicht erreicht worden sind. Ihnen würde das Weltall einen ganz anderen Anblick bieten.

Wie alt ist die Welt?

Die von Hubble entdeckte Expansion des Weltalls legt nahe, dass sie vor endlicher Zeit begonnen hat. Aus der Geschwindigkeit, mit der eine Galaxie bekannter Entfernung von uns wegfliegt, folgt, wann sie und unsere Galaxis dicht beieinanderstanden. Dann wäre überall im Raum die Materie nahezu unendlich dicht gewesen. Wann war dieser Anfang der Welt? Hubble errechnete aus seinen Daten ein Weltalter von 1,8 Milliarden Jahren. Die Geowissenschaftler hielten schon damals die Erde für wesentlich älter.

Das aus der Galaxienflucht bestimmte Weltalter hängt empfindlich vom angenommenen Abstand der fernen Galaxien von uns ab. Benutzte Harlow Shapley bei der Vermessung der Milchstraße RR-Lyrae-Sterne als Standardkerzen, so lieferten die leuchtkräftigeren Delta-Cephei-Sterne die Entfernungen der uns nächsten Galaxien. Für noch größere Entfernungen dienen heute als Standardkerzen bestimmte Sternexplosionen (Supernovae vom Typ Ia).

Erscheint ihr Licht wirklich nur wegen ihrer großen Entfernung so schwach oder weil es auf dem Weg zu uns Staubwolken durchdringen musste? Fehler in der Entfernungsbestimmung verfälschen das aus dem Hubbleschen Gesetz geschlossene Weltalter. So sind wir auch heute noch nicht ganz sicher, ob sich nicht doch noch Fehler in die Entfernungsbestimmungen der fernsten Galaxien eingeschlichen haben. In den letzten Jahrzehnten wurde die Öffentlichkeit immer wieder mit Nachrichten überrascht, nach denen die bisherigen Vorstellungen der Astrophysiker über die Entstehung unseres Weltalls grundfalsch sein sollen.

»Der Urknall ist geplatzt!« - »Der Urknall - eine Fehlzündung!« - Das sind einige Schlagzeilen. »Wer den Urknall bezweifelt, den verfolgt die Wissenschaft als Ketzer«, konnten vor einigen Jahren die Leser einer deutschen Wochenzeitung lesen. Fast immer beruhten die Meldungen darauf, dass es schien, als ob manche Sterne älter wären als das aus dem Hubble-Gesetz bestimmte Weltalter - das Ei älter als die Henne.

Es sieht aber so aus, als ob wir heute zu einem widerspruchsfreien Bild aller voneinander unabhängigen Altersbestimmungen gekommen wären. Danach begann die Expansion vor 13 bis 14 Milliarden Jahren.

Die Altersgebrechen der Sterne

Sterne sind Kernreaktoren. Sie strahlen Energie in Form von Licht und Wärme in den Raum. Diese Energie stammt aus ihrem tiefen Inneren. Dort verschmelzen Atomkerne miteinander und bilden Kerne anderer chemischer Elemente. Vor allem verschmelzen die Kerne des Wasserstoffs, des häufigsten chemischen Elements im Weltall, zu Kernen des Heliumatoms. Dieser Fusion des Wasserstoffs zu Helium verdanken wir unsere Existenz, denn sie ist die Energiequelle der Sonne. Sie strahlt seit mehr als 4 Milliarden Jahren und hat noch nicht einmal die Hälfte ihres Kernbrennstoffs verbraucht. Erst in etwa 6 Milliarden Jahren werden sich bei ihr die ersten Erschöpfungserscheinungen bemerkbar machen. Dann wird ihre Strahlungskraft stark ansteigen, sie wird sich aufblähen und zu einem roten Riesenstern werden, dessen Oberfläche bis zur Erde reichen wird. Danach wird sie schrumpfen und ihre Strahlungskraft verlieren.

Die Astronomen können die Vorgänge in den Sternen in groben Zügen in Computermodellen verfolgen. Sterne durchlaufen die Zeitspanne von ihrer Geburt bis zum Erschöpfen ihres Kernbrennstoffs umso rascher, je mehr Masse sie besitzen.

Wenn der Wasserstoff im Zentrum eines Sterns zur Neige geht, erreicht er als Roter Riese den 100-fachen Durchmesser der Sonne. Bei Sternen von der Masse der Sonne geschieht das nach etwa 10 Milliarden Jahren, bei Sternen von 30 Sonnenmassen aber schon nach Millionen Jahren.

An den Durchmessern der Sterne lässt sich also feststellen, wie alt sie sind. Doch woher kennt man die Durchmesser? Wenn man sie im Fernrohr als Scheibchen sehen könnte, wäre es ein Leichtes festzustellen, welche Sterne bereits Altersgebrechen zeigen und welche noch nicht. Doch alle fernen Sterne erscheinen selbst in den größten Fernrohren nur als Punkte. Die Astronomen haben aber eine Möglichkeit gefunden, den Durchmesser eines Sterns aus seiner Farbe und seiner Helligkeit zu bestimmen.

Greise unter den Sternen

Wie alt ist die Welt? Geologen können das Alter von Gesteinsschichten ermitteln. So fanden sie für Felsgestein aus dem Nordwesten Kanadas ein Alter von 4 Milliarden Jahren heraus. Meteoriten, die auf die Erde stürzten, sind etwa 4½ Milliarden Jahre alt.

Mit gänzlich anderen Methoden haben die Astronomen das Alter der Sonne bestimmt. Seit ihrer Entstehung hat sie Wasserstoff in Helium umgewandelt. Deshalb ist heute ihr Inneres mit Helium angereichert, während sich gleichzeitig ihr Durchmesser und ihre Leuchtkraft etwas geändert haben. Die Sonnenmodelle auf dem Computer zeigen, dass die Sonne heute die Eigenschaften besitzt, welche die Computersonnen im Alter von 4,6 Milliarden Jahren haben. Dieses Sonnenalter passt mit dem Alter von Erde und Meteoriten gut zusammen. Aber die Sonne ist keineswegs alt. Die Sterne in den Kugelsternhaufen sind mehr als doppelt so alt.

Die Sterne eines Sternhaufens sind gleichzeitig entstanden und haben deshalb das gleiche Alter. Die massereicheren unter ihnen haben bereits ihren Wasserstoffvorrat erschöpft und haben sich aufgebläht, während den massenärmeren in ihren Zentralgebieten noch genügend Kernbrennstoff zur Verfügung steht.

In den Kugelsternhaufen zeigen die Sterne von der Masse der Sonne meist noch keine Erschöpfungserscheinungen, während die von mehr als 1,3 Sonnenmassen sich schon aufgebläht haben. Die Kunst der genauen Altersbestimmung liegt darin herauszufinden, welche Masse die Sterne

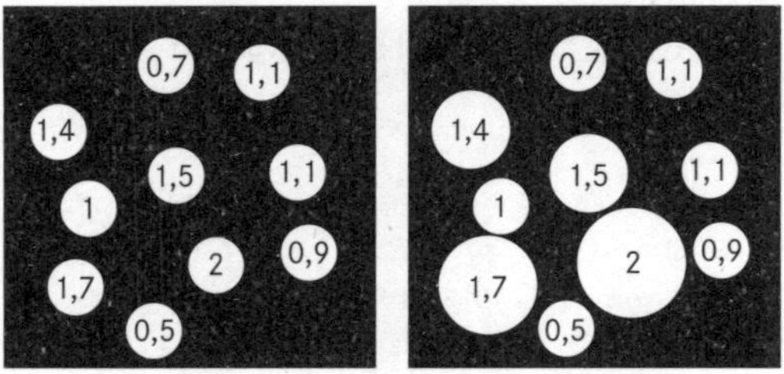

Links schematisch eine Gruppe junger Sterne gleichen Alters. Ihre Masse ist in Einheiten der Sonnenmasse angegeben. Rechts dieselbe Gruppe, etwa 12 Milliarden Jahre später. Sterne, die mehr als 1,1 Sonnenmassen in sich vereinigen, haben sich bereits aufgebläht.

besitzen, die in einem Kugelsternhaufen gerade beginnen, ihren Durchmesser zu vergrößern. Die Computerrechnungen sagen, dass Sterne von 1,3 Sonnenmassen im Alter von etwa 11 Milliarden Jahren deutliche Erschöpfungseffekte zeigen.

Die Altersbestimmungen an Sternen in Kugelsternhaufen haben ergeben, dass die ältesten unter ihnen 12 Milliarden Jahre alt sind. Bei einem aus der Expansionsbewegung bestimmten Weltalter von 13 bis 15 Milliarden Jahren ist das Ei nicht jünger als die Henne.

Radiosterne, die keine Sterne sind

Von vielen Galaxien kommt nicht nur Licht zu uns, sondern auch Radiostrahlung. Sie stammt fast immer von heißen Gasmassen, deren Elektronen sich in Magnetfeldern bewegen und elektromagnetische Strahlung aussenden. Doch um 1960 merkten kalifornische Astronomen, dass Radiostrahlung auch von *Sternen* zu kommen scheint. Man nannte diese Sterne *quasistellare Radioquellen* und kürzte das mit dem Kunstwort *Quasare* ab. Dass es mit ihnen nicht ganz geheuer ist, zeigten ihre Spektren, die oft nur eine oder wenige helle Linien besitzen. Helle Linien, sogenannte *Emissionslinien*, sind nichts Besonderes. Sie zeigen sich auch in den Spektren mancher Sterne, denn die Atome der chemischen Elemente können auch Licht aussenden. Die Emissionslinien findet man nur bei ganz bestimmten, für diese Atome charakteristischen Wellenlängen. Doch die Linien in den Spektren der Quasare schienen rätselhafterweise zu keinem auf der Erde oder im Weltraum beobachteten chemischen Element zu gehören.

Die Lösung war überraschend: Die beobachteten Spektrallinien stammen von uns wohlbekannten chemischen Elementen, vor allem vom Wasserstoff. Sie sind aber so weit nach dem roten Ende des Spektrums verschoben, dass man sie dort nicht erwartet. Der Grund für die Verschiebung kann nur der Dopplereffekt sein. Dann aber müssen sie sich mit extrem großer Geschwindigkeit von uns wegbewegen. Die beiden als erste entdeckten Radiosterne entfernen sich mit Geschwindigkeiten von 45000 und 110000 km/s von uns. Sie können keine Sterne in unserer Galaxis sein, denn bei diesen Geschwindigkeiten kann die Schwerkraft der Galaxis sie gar nicht an sich binden. Die größten Fluchtgeschwindigkeiten, die wir kennen, sind die der anderen Galaxien. Wenn auch die Quasare dem Hubbleschen Gesetz folgen, dann haben die beiden Entfernungen von 2 Milliarden und nahezu 5 Milliarden Lichtjahren!

Tatsächlich sind die Quasare Galaxien, so weit draußen, dass wir nur ihre hellen Kerne erkennen können. Der Weltrekord für den schnellsten Quasar lag im Jahre 2000 bei 293000 km/s, was nach dem Hubbleschen Gesetz einer Entfernung von 12 Milliarden Lichtjahren entspricht.

Unsichtbare Wolken

Als man die Spektren der Quasare genauer untersuchte, zeigten sich neben den auffallenden hellen auch zahlreiche feine dunkle Linien. Sie rühren von Gaswolken her, die das Licht auf dem Weg zu uns durchquerten. In jeder Wolke, durch die das Quasarlicht geht, filtert vor allem der Wasserstoff Licht bei den für ihn charakteristischen Wellenlängen heraus.

Wenn Licht im Labor durch Wasserstoffgas geht, verschluckt es vor allem Strahlung der Wellenlänge von 1,2 Zehntausendstel Millimetern. Im Spektrum des durchgehenden Lichtes zeigt sich eine Absorptionslinie. Sie wird nach dem amerikanischen Physiker Theodore Lyman die *Lyman-Alpha-Linie* genannt. Für den Bereich des Spektrums, in dem sie liegt, ist unser Auge nicht geschaffen. Es ist *ultraviolettes Licht*, dessen Wellenlängen kürzer sind als das kurzwelligste sichtbare Licht. Dass wir trotzdem die Lyman-Alpha-Linie in den Spektren der Quasare beobachten können, liegt daran, dass diese Wasserstoffwolken, die

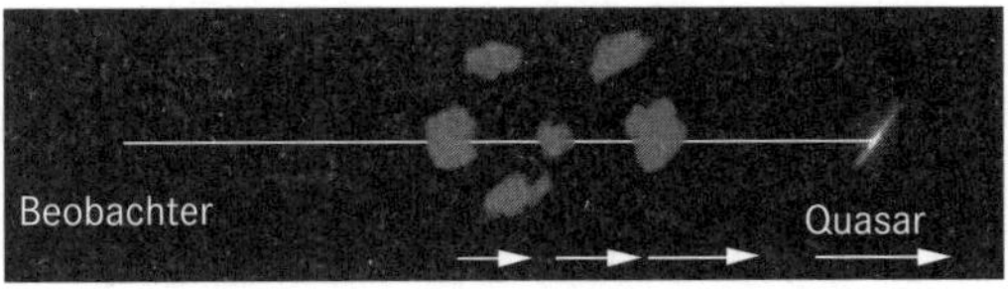

Das Licht eines fernen Quasars durchdringt auf dem Weg zum Beobachter mehrere Wasserstoffwolken, die jede dem Spektrum eine Absorptionslinie aufprägen. Je entfernter sie vom Beobachter stehen, umso schneller fliegen die Wolken von ihm fort, umso stärker sind ihre Linien nach dem roten Ende des Spektrums verschoben.

sonst unsichtbar sind, an der Expansion des Weltalls teilnehmen und ihre Absorptionslinien durch den Dopplereffekt in den langwelligeren, sichtbaren Bereich des Spektrums verschoben werden. Da sie verschieden weit von uns entfernt sind, bewegen sie sich auch verschieden schnell, und ihre Absorptionslinien sind verschieden stark verschoben. Deshalb zeigt das Spektrum eines fernen Quasars die Lyman-Alpha-Linien vieler Wolken nebeneinander. Man spricht von einem *Lyman-Wald.* Wir werden später (S. 77) sehen, dass wir aus diesen Wolken etwas über die frühe Vergangenheit des Weltalls lernen können.

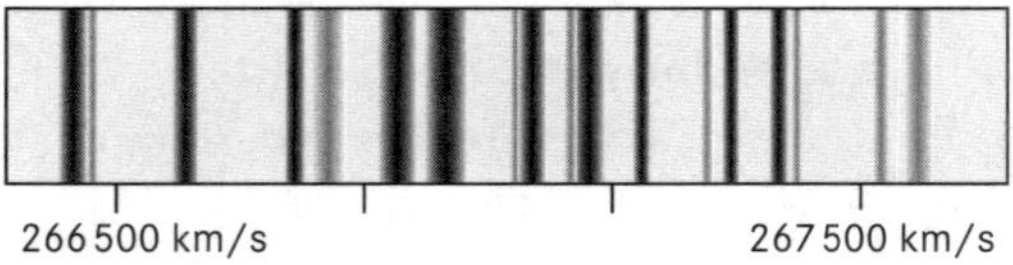

Ein Ausschnitt aus dem Spektrum eines Quasars der Fluchtgeschwindigkeit von 269 000 km/s mit den Lyman-Alpha-Linien davorstehender Wolken. Da die Wellenlänge nach rechts steigt, ist die Fluchtgeschwindigkeit der Wolken größer, wenn ihre Linien weiter rechts stehen. Die Emissionslinien des Quasars stehen weit rechts außerhalb der Abbildung.

Radioaktivität im Weltall

Schon immer drängten sich dem Menschen Fragen auf wie: Woher kommen wir? Wie fing alles an? Die Religionen antworteten ihm mit ihren Schöpfungsgeschichten. Der Herr schuf Himmel und Erde, trennte Hell und Dunkel, schuf Tag und Nacht, Land und Meer. Danach ließ er das Leben entstehen. Die Schöpfungsgeschichte im ersten Buch Mose lässt offen, was war, bevor Gott Himmel und Erde schuf. Es war wohl eine Welt, in der nichts geschah und über die zu berichten es sich nicht lohnte. Die Schöpfungsgeschichte, die uns das Hubblesche Gesetz nahelegt, lässt den Anfang erst recht offen.

Durch die Expansion erniedrigt sich im Laufe der Zeit die Dichte der Materie im Weltall. Wenn wir die Expansionsbewegung zurückrechnen, finden wir, dass die Materie vor endlicher Zeit, also vor etwa 14 Milliarden Jahren, unendlich dicht gewesen sein müsste. Natürlich können für die Bruchteile der ersten Sekunde die uns bekannten physikalischen Gesetze nicht gegolten haben. Wir wissen nicht, wie sich Materie bei so extremen Bedingungen verhält. Was so ganz nahe an dem Anfangszeitpunkt geschah, lässt die Physik ebenso offen wie Mose die Zeit vor der Schöpfung. So rätselhaft der Anfang für uns auch ist, selbst wenn die Expansion des Weltalls gar nicht entdeckt worden wäre, müssten wir doch auf ein einschneidendes Ereignis vor endlicher Zeit schließen.

Es gibt im Weltall radioaktive Elemente, die wie das Uran oder das Thorium ganz von selbst in andere Elemente zerfallen und letztlich zu Blei werden. Das Uran benötigt dazu

4,5 Milliarden Jahre, das Thorium sogar 14. Wenn diese Elemente seit unendlicher Zeit existierten, müssten sie längst zerfallen sein, es sei denn, es gäbe Prozesse, die sie neu entstehen ließen. Nach dem Gesetz von der Erhaltung der Materie könnten sie nur aus anderen chemischen Elementen entstanden sein. Da sie ständig zerfallen, müsste sich dann aber ihr Ursprungsstoff erschöpft haben. Wie auch immer die radioaktiven Elemente entstanden sind, sie müssen sich vor endlicher Zeit gebildet haben.

Die Frage, wie die chemischen Elemente, der Wasserstoff, der Sauerstoff, von dem wir leben, das Kalzium unserer Knochen und der Phosphor in der Nukleinsäure unserer Gene, überhaupt in die Welt kamen, führte zu einer großen Entdeckung.

Gamows Traum

Waren vielleicht alle chemischen Elemente schon da, als Materie und Strahlung aus dem Urknall kamen, oder haben sie sich erst später gebildet? Wir haben Grund, uns darüber zu wundern, dass wir selbst in den fernsten Winkeln des Weltalls nicht nur dieselben chemischen Stoffe finden, die wir auch in unserem Sonnensystem haben. Mehr noch, sie treten in guter Näherung auch im gleichen Mischungsverhältnis auf. Die Sonne besteht zu 69 Gewichtsprozent aus Wasserstoff, 29 Prozent sind Helium. Alle anderen chemischen Elemente, wie Kalium und Kohlenstoff, wie Nickel und Natrium, teilen sich in die restlichen 2 Prozent. In guter Näherung gilt das auch für die anderen Sterne. Überall im Weltraum finden wir die gleiche Verteilung, von den leichten Atomen bis hin zu den schweren.

Der aus Russland stammende Physiker George Gamow nahm in der ersten Hälfte des letzten Jahrhunderts an, dass sich die Atomkerne aller chemischen Elemente kurz nach dem Urknall aus den einfachsten Bausteinen, den Protonen und Neutronen, gebildet haben. Die positiv geladenen Protonen stoßen einander ab und müssen mit Gewalt zusammengebracht werden, wenn sie miteinander verschmelzen sollen. Das geht nur, wenn sie mit großer Geschwindigkeit aufeinandertreffen. Dann müssten damals die Temperaturen im Bereich von Milliarden Grad gelegen haben. Wenn das so war, schlossen Gamow und seine Mitarbeiter, dann müssten sich die Reste dieser heißen Strahlung während der Expansion zwar abgekühlt haben, sie müssten aber heute noch als Mikrowellenstrahlung den Raum erfüllen.

Gamows Vorstellung, alle chemischen Elemente seien gleich nach dem Urknall gebildet worden, stellte sich als falsch heraus. Die meisten wurden später in Sternen gebildet. Doch die vorhergesagte Mikrowellenstrahlung wurde 15 Jahre später gefunden. Dabei hatten die beiden Physiker, die sie fanden, gar nicht danach gesucht.

Die kalte Wärmestrahlung

Im Jahre 1964 experimentierten die amerikanischen Physiker Arno Penzias und Robert Wilson bei den Bell-Laboratorien in New Jersey mit einer Antenne und einem Empfänger, der Radiowellen von 7,35 Zentimetern aufnehmen konnte. Dabei merkten sie, dass aus dem Raum eine Strahlung kam, die unverändert blieb, in welche Richtung sie auch ihre Antenne zum Himmel drehten. Sie kam gleichmäßig aus allen Richtungen. Jetzt heißt sie *kosmische Hintergrundstrahlung*. Es ist die von Gamow und seinen Mitarbeitern vorhergesagte Reststrahlung des heißen Urknalls.

Im Jahre 1989 wurde ein Satellit gestartet, der sie genauer untersuchen sollte, als es vorher von der Erde aus möglich war. Sein Name COBE ist die Abkürzung für Cosmic Background Explorer. Er zeigte: Es ist Wärmestrahlung, die einer Temperatur von etwa −270° Celsius entspricht. Die Zunge sträubt sich, bei −270° von Wärmestrahlung zu sprechen, aber diese Temperatur ist immerhin 3° über ganz kalt, das heißt 3° über dem absoluten Nullpunkt, der niedrigsten Temperatur, die die Physiker zulassen. Welche experimentelle Leistung es gewesen ist, diese Strahlung zu entdecken, wird einem erst bewusst, wenn man sich vergegenwärtigt, dass eine Kugel Speiseeis, vor die Antenne gehalten, 22 Millionen Mal stärker strahlt, so heiß ist Speiseeis. Die kosmische Hintergrundstrahlung bestätigt Gamows Voraussage, dass der Urknall mit heißer Strahlung begonnen hat!

Für unsere weiteren Überlegungen wollen wir für die Welt ein vereinfachtes Modell annehmen. Wir denken uns alle Materie des Weltalls gleichmäßig über den Raum verschmiert. Dann enthält eine Kugel von der Größe der Sonne 280 g Materie. Das Weltall ist aber auch mit Hintergrundstrahlung erfüllt. So schwach sie auch ist, in unserer Kugel sind 28 Millionen Kilowattstunden Strahlungsenergie eingefangen. Etwa so viel Energie setzte die Atombombe über Hiroshima frei. Da Energie nach Einstein auch Masse ist – beides kann ja ineinander umgewandelt werden –, kann man diesen Energieinhalt auch in Gramm ausdrücken: In unserer Kugel steckt 1 g Strahlung. Das erscheint wenig im Vergleich zu den 280 g richtiger Materie. Doch das war nicht immer so.

Ein Gedankenexperiment

Die kosmische Hintergrundstrahlung gibt uns Einblicke in die Jugend unseres Kosmos. Betrachten wir dazu noch einmal die Kugel in unserem vereinfachten Weltall. Masse und Strahlung sind im gedachten Sonnenvolumen in ganz normalem Zustand, die Atome so, wie wir sie auch zu Hause haben. Auch die Strahlung haben wir zu Hause, sie ist nichts anderes als die Strahlung unserer Mikrowellenherde, allerdings stark verdünnt. Mit dem Stoff in unserer Kugel umzugehen sind wir gewohnt. Deshalb wollen wir ein Gedankenexperiment machen und uns überlegen, was geschähe, wenn wir die Kugel zusammendrücken würden. Dabei kehren wir den Vorgang der Expansion der Welt um. Das Verhalten des eingefangenen Weltstoffes soll uns zeigen, wie die Welt früher war. Im Prinzip könnten wir die Kugel immer mehr zusammendrücken und uns immer näher an die frühesten Zustände der Welt, ja, bis nahe an den Urknall herantasten.

Die Dichte der Materie und die der Strahlung nehmen beide beim Zusammendrücken zu. Der in der Kugel gefangene Weltstoff wird dabei immer heißer, weil wir für die Kompression Arbeit aufbringen müssen, und diese Energie geht in erster Linie in Strahlung. Dementsprechend steigt deren Temperatur. Heute ist die Hintergrundstrahlung im Vergleich zu der in Materie gespeicherten Energie völlig unwichtig, wir können sie ja nur mit raffinierten Messinstrumenten wahrnehmen. In unserer Kugel wächst beim Zusammendrücken aber der Anteil der Strahlungsenergie über den der in der Materie gespeicherten Energie hinaus.

Kugeldurchmesser	Protonen, Neutronen, Elektronen	Photonen	Temperatur	Zeit nach dem Urknall
1,4 Mio km	280 g	1 g	3 K	14 Mrd J. (heute)
1400 km	280 g	1000 g	3000 K	300 000 Jahre

Der Durchmesser unserer Testkugel und ihr Inhalt für zwei Zeitpunkte. Obere Zeile: Der Zustand (Masse der Materie, der Strahlung und die Temperatur) des Weltalls von heute (14 Milliarden Jahre). Darunter der Zustand etwa 300 000 Jahre nach dem Urknall.

Das heißt: In der Vergangenheit war die Hintergrundstrahlung wichtiger als heute.

Drücken wir nun die Kugel auf ein Tausendstel der ursprünglichen Größe zusammen. In ihr sind immer noch unsere 280 Gramm Materie, aber die Strahlung ist wichtiger geworden. Alle Arbeit, die wir aufgebracht haben, um die Kugel zusammenzudrücken, ist in Strahlung übergegangen. Ihre Masse übertrifft jetzt die der Materie um ein Vielfaches! Die Temperatur in der Kugel hat sich von 3° absolut auf 3000° erhöht. Der Zustand in der Kugel entspricht dem des Weltalls 300 000 Jahre nach dem Urknall.

Als das Weltall durchsichtig wurde

Wir könnten mit unserem Gedankenexperiment fortfahren und die Kugel weiter zusammendrücken. Verweilen wir aber erst einmal bei dem Zustand unserer Testkugel, bei dem die Strahlung eine Temperatur von 3000° besitzt. Das war ein Wendepunkt in der Geschichte des Weltalls.

Ein Wasserstoffatom besteht aus dem Atomkern, einem Proton, um das sich ein Elektron bewegt. Als Strahlung und Materie noch heißer waren als 3000°, gab es noch keine richtigen Wasserstoffatome, ihnen fehlte das Elektron. Protonen und Elektronen flogen unabhängig voneinander durch den Raum. Wenn ein (positiv geladener) Atomkern ein (negatives) Elektron anzog, wurde dieses von einem vorbeikommenden Lichtquant, einem Photon, oder von einem vorbeifliegenden Proton oder Elektron wieder losgeschlagen. Frei herumfliegende Elektronen behindern aber die Strahlung. Die einzelnen Photonen konnten nur über kurze Strecken geradeaus fliegen, dann wurden sie von weiteren Elektronen immer wieder abgelenkt. Das Licht verhielt sich damals etwa so wie heute bei dichtem Nebel. In ihm verhindern winzige Wassertröpfchen, dass sich die Photonen geradlinig über größere Strecken bewegen können.

Doch die Phase des »Nebels« im Weltall endete etwa 300 000 Jahre nach dem Urknall, als die Temperatur von 3000° unterschritten wurde. Da reichte die Energie der Photonen und der herumstreunenden Teilchen nicht mehr

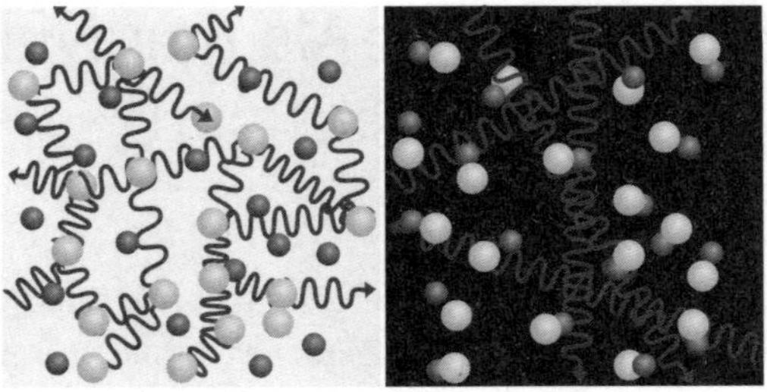

Als das Weltall durchsichtig wurde. Links: Die Temperatur liegt noch über 3000°. Elektronen (hellgrau) und Protonen (dunkelgrau) sind noch nicht aneinandergebunden. Die Photonen (Wellenlinien) werden von jedem Elektron abgelenkt. Rechts: Protonen und Elektronen haben sich zu neutralen Wasserstoffatomen gepaart. Das Licht kann sich geradlinig ausbreiten.

aus, die Elektronen von den Atomkernen des Wasserstoffs wieder loszuschlagen. Auf einmal bestand die Materie größtenteils aus elektrisch neutralen Wasserstoffatomen. Da an einen Atomkern gefesselte Elektronen dem Licht praktisch kein Hindernis mehr entgegensetzen, wurde die Welt plötzlich durchsichtig.

Im Jahre 300 000 nach dem Urknall begann die Große Durchsichtigkeit.

Der Blick in die Vergangenheit

Die Wellen der elektromagnetischen Strahlung, seien es Licht- oder Radiowellen, Wärme- oder Röntgenstrahlen, bewegen sich mit einer Geschwindigkeit von 300 000 km/s durch den Raum. Wenn wir heute in das Weltall hinausschauen, sehen wir es in großen Entfernungen nicht so, wie es heute ist, sondern so, wie es war, als das Licht von dort ausgesandt wurde, die Andromedagalaxie etwa so, wie sie vor 2 Millionen Jahren war. Der Blick in die Ferne ist also zugleich ein Blick in die Vergangenheit. Das ist wieder eine Erscheinung, die wir aus unserem täglichen Leben nicht kennen.

Veranschaulichen wir uns diese für uns ungewohnte Situation und versetzen wir uns in eine Zauberwelt, in der das Licht sich langsamer bewegt als eine Schnecke. Stellen wir uns dort auf den Gipfel eines Berges und blicken wir in die Landschaft. In einem Abstand von nahezu 66 Lichtjahren, der natürlich dann entsprechend kurz wäre, blickten wir in das Jahr 1945. Wir sähen Menschen und Gebäude so, wie sie der Zweite Weltkrieg hinterlassen hat. Darum herum schlösse sich ein Kreisring, in dem wir die Bomben einschlagen sehen, und wer mit dem Fernrohr bis zum Horizont blickte, könnte vielleicht Napoleons Armee geschlagen aus Russland zurückkommen sehen.

Auch der Blick in den Raum zeigt uns das Weltall so, wie es in der Vergangenheit war. Wir sehen im Universum nicht nur die räumliche Verteilung der kosmischen Objekte, sondern auch gleichzeitig ihre Geschichte. In der Nachbarschaft unseres Milchstraßensystems blicken wir auf Galaxien, weiter draußen aber in die Epoche zurück, in der es

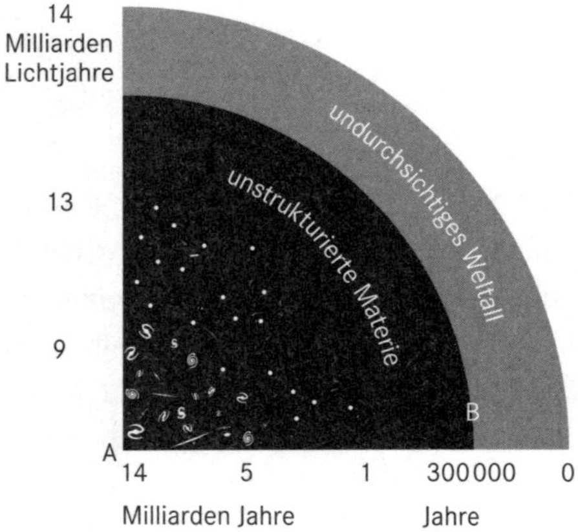

Der Beobachter A in der linken unteren Ecke blickt in das Weltall und gleichzeitig in die Vergangenheit. Auf der Achse nach oben ist die Entfernung aufgetragen, auf der Achse nach rechts das Weltalter, zu dem ein Photon ausgesandt wurde, das ihn heute erreicht. Das Bild erweckt den Eindruck, als stünde der Beobachter A irgendwie in der Mitte der Welt. Er steht nur in der Mitte seines Horizontes. Heute sieht es am Ort des Beobachters B genauso aus wie bei A. Doch wenn B zu A blickt, schaut auch er in die Vergangenheit und sieht dort die Materie gerade durchsichtig werden.

noch keine Sterne gab. Da hatte die Materie noch keine Strukturen gebildet. Weiter draußen, also noch weiter zurück in der Vergangenheit, etwa in die Zeit, als nach dem Urknall erst 300 000 Jahre vergangen waren, sehen wir den Augenblick, in dem die Welt gerade durchsichtig wird. Wir starren auf eine undurchsichtige Wand von 3000°. Nicht, dass die Materie weiter draußen heute noch undurchsichtig wäre, nein, sie war es damals, als sie das Licht aussandte, das uns heute erreicht. Weiter hinaus oder, besser gesagt, weiter zurück in die Vergangenheit reicht unser Blick nicht.

Wolken in der Jugend des Weltalls

Wir lernten auf Seite 64 die Absorptionslinien des Lyman-Waldes kennen. Sie stammen von Wolken, die das Licht ferner Quasare filtern.

Im Jahre 1994 entdeckte man mit dem 10-Meter-Keck-Teleskop auf Hawaii im Spektrum eines entfernten Quasars die Absorptionslinien von Kohlenstoffmolekülen. Sie werden von der Hintergrundstrahlung erwärmt. Die Linien dieser Moleküle lassen deren Temperatur erkennen. Genauer gesagt: Die Moleküle *wurden* erwärmt, denn die Wolken stehen so weit draußen im Raum, dass wir sie so sehen, wie sie vor langer Zeit waren und wie sie damals von der Hintergrundstrahlung bestrahlt wurden. Die Strahlung erwärmte sie auf 7,4° absolut. Das beweist, dass die Hintergrundstrahlung früher wärmer war, und das wiederum bestätigt unser Bild vom Urknall. Nach ihm erwarten wir für die Zeit, zu der man die Wolken beobachtet, tatsächlich als Temperatur der Strahlung 7,58° absolut.

Die Wolken halten noch eine weitere Überraschung bereit. Neben den Linien des Lyman-Waldes zeigen die Spektren vieler Quasaren auch noch Absorptionslinien des Magnesiums. Diese Linien kennen wir von den Spektren des Magnesiums auf der Erde, doch deuten genauere Messungen an, dass die Abstände zwischen den verschiedenen Linien des Magnesiums in jenen Wolken etwas kleiner sind als beim irdischen Magnesium. Sind die Magnesiumatome in der Ferne anders als die auf der Erde? Wir müssen beach-

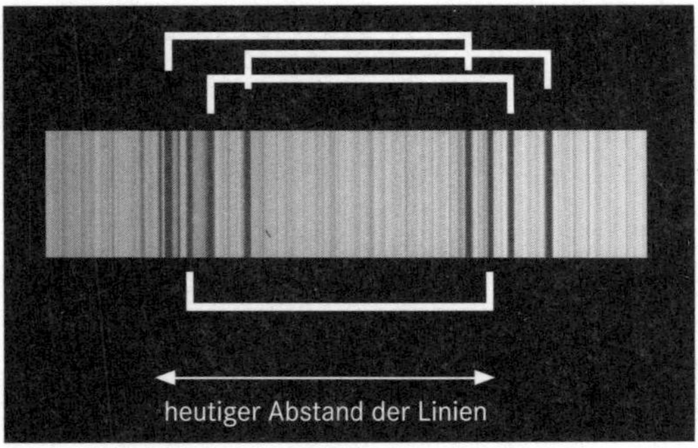

Vier Wolken prägen dem Licht eines fernen Quasars vier Linienpaare des Magnesiums auf. Darüber und darunter ist angedeutet, welche Linien ein Paar bilden. Da die vier Wolken verschieden weit entfernt sind und daher verschiedene Fluchtgeschwindigkeiten haben (vgl. die Abbildung auf S. 63), sind Linienpaare der einzelnen Wolken gegeneinander verschoben. Messungen aus dem Jahr 1994 legen nahe, dass die Linienpaare in den Wolken etwas geringere Abstände haben, als man sie heute an Magnesiumatomen misst.

ten, dass das Licht von diesen Wolken Milliarden Jahre zu uns unterwegs war. Deshalb müssen wir eigentlich fragen, ob die Atome des Magnesiums in der Vergangenheit anders waren als die Magnesiumatome von heute. Da die Eigenschaften eines Atoms durch Naturkonstanten bestimmt sind, müssten einige von ihnen in der Vergangenheit etwas andere Zahlenwerte gehabt haben als heute. Der Unterschied ist wohl nicht groß, die dafür verantwortliche Naturkonstante könnte vor Milliarden Jahren nur um ein Hundertstel Promille kleiner gewesen sein als heute. Vor einigen Jahren glaubte man, aus einem Kernreaktor etwas darüber zu erfahren. Dieser längst nicht mehr arbeitende Reaktor lief vor etwa zwei Milliarden Jahren in Gabun in Afrika. Er schaltete sich ohne menschliches Zutun ein und erlosch ganz von selbst nach einer Laufzeit von etwa einer halben Million Jahren. Das Element Uran besteht vor allem aus zwei Isotopen: dem relativ harmlosem Uran-238 und dem Bombenstoff Uran-235, der heute nur einen Anteil von 0,7202 Prozent ausmacht. In dieser Mischung ist das Uran zwar radioaktiv, aber sonst nicht weiter gefährlich. Um einen Reaktor zu bauen, muss man den Bombenstoff auf das Vierfache anreichern, Doch vor zwei Millionen Jahren hatten die beiden Uranisotope bereits dieses Mischungsverhältnis. Da der Bombenstoff schneller zerfällt als das »harmlose« Isotop des Urans, muss das Uran von damals etwa drei Prozent Bombenstoff enthalten haben, es muss also schon reaktorgeeignet gewesen sein.

Beim Betrieb wurde das Uran-235, der Bombenstoff, verbraucht. Deshalb ist also heute sein Anteil im natürlichen Uran dort sehr viel kleiner als im natürlichen Uran anderswo. Der Atommüll von damals lässt uns auf die Vorgänge im dortigen Naturreaktor schließen.

Lief damals etwas anders ab, als es heute geschehen würde, weil irgendwelche Naturkonstanten ihren Zahlenwert inzwischen geändert haben? Die Stoffe im Bereich des Naturreaktors lassen keine Unterschiede erkennen. Aber der Zeitunterschied ist vielleicht zu kurz, um Veränderungen zu bemerken.

Wenn sich aber doch noch bestätigen sollte, dass sich einige Naturkonstanten, vielleicht sogar die Lichtgeschwindigkeit, mit der Zeit ändern, würde das eine völlig neue Ära der Physik einläuten!

Doch vorläufig wurde nichts eingeläutet. Astronomen der Hamburger Sternwarte, die die Spektren ferner Quasare untersuchten, fanden, dass sich die sogenannte *Feinstrukturkonstante*, die für das oben beschriebene Phänomen verantwortlich wäre, in den letzten acht Milliarden Jahren nicht merklich geändert hat. Waren die Naturkonstanten, die den Ablauf allen Geschehens bestimmten, wirklich überall im Raum und von Anfang des Weltalls an dieselben wie hier und heute? Hatte die Lichtgeschwindigkeit immer und überall denselben Wert? Ist und war immer und überall die Masse des Protons das 1836,15-Fache der Masse des Elektrons? Im Jahre 2006 meldeten Astronomen des Bonner Max-Planck-Instituts für Radioastronomie, dass sie das an einem 7,5 Milliarden Lichtjahre entfernten Quasar bestätigen konnten. Aus den Hamburger Quasarbeobachtungen folgt, dass das Verhältnis von Protonen- zu Elektronenmasse im Bereich ihrer Messungen sich vom heutigen Wert um weniger als ein Tausendstel Prozent unterscheidet.

Aber bei den gemessenen Unterschieden von Naturkonstanten muss man vorsichtig sein. Selbst wenn die Atomkerne hier und dort dieselben Eigenschaften haben, so treten sie meist nicht in reiner Form auf. Alle Atomkerne haben *Isotope*, bei denen die Anzahl der Protonen gleich, die Anzahl der Neutronen aber verschieden ist. Wir werden im Bild auf Seite 90 Kerne von drei Isotopen des Wasserstoffs und zwei des Heliums sehen. Da aber nur die Zahl der Protonen eines Atomkerns entscheidet, wie viele Elektronen den Kern umschwirren und damit das chemische Verhalten bestimmen, sind die verschiedenen Isotopen schwer zu unterscheiden. Wenn eine Naturkonstante bestimmt werden soll, werden Beimischungen anderer Isotope eine Fehlerquelle, die schwer auszuschalten ist.

Im August 2010 meldeten sechs Astronomen, die mit dem Keck-Teleskop auf Hawaii arbeiten, dass Spektren von Quasaren, die ungefähr in einer Richtung des Himmels standen, in großen Entfernungen eine kleinere Feinstrukturkonstante zeigten als die im Labor gemessene. Mit dem »Very Large Telescope« der Europäischen Südsternwarte in Chile fanden sie in einer anderen Richtung des Himmels in großen Entfernungen gleichfalls andere Werte der Konstanten, aber im Unterschied zu den Messungen auf Hawaii ist die Konstante in großen Entfernungen größer als die Laborwerte.

Die Frage nach der Konstanz der Naturkonstanten ist nach wie vor nicht geklärt.

Warum die Nacht schwarz ist

Haben Sie sich schon einmal darüber gewundert, dass es nach Sonnenuntergang dunkel wird? Das ist nicht selbstverständlich. Wenn die Welt seit eh und je gleichförmig mit hell leuchtenden unbewegt stehenden Sternen erfüllt wäre, dann sähen wir, gleichgültig, ob es Tag oder Nacht ist, in welche Himmelsrichtung wir auch unseren Blick wenden, immer wieder auf die Oberflächen von leuchtenden Sternen. Der ganze Himmel wäre zusammengesetzt aus vielen Milliarden kleiner, sich teilweise überdeckender Sternscheibchen, er wäre gleißend hell wie die Sonnenoberfläche. Warum ist es nachts finster und nicht taghell? Das haben sich schon früher viele Astronomen gefragt, im Jahre 1823 zum Beispiel der Bremer Arzt und Astronom Wilhelm Olbers. Deshalb nennt man das Rätsel des dunklen Nachthimmels auch *Olberssches Paradoxon*. Man hat erst in neuerer Zeit die Lösung gefunden.

Betrachten wir das Bild von den sich gegenseitig verdeckenden Sternscheibchen einmal genauer. Wir beobachten eine ähnliche Erscheinung, wenn wir in einen Hochwald blicken. In ihn können wir nur bis zu einer bestimmten Entfernung hineinschauen, dann verdecken die Baumstämme sich gegenseitig, und wir können nicht erkennen, was dahinter ist. Da können wir den Wald vor lauter Bäumen nicht sehen. So ist es auch mit einem bis ins Unendliche mit Sternen ausgefüllten Weltall. Sie verdecken einander erst ab einer bestimmten Entfernung vollständig. Aber das Licht braucht Zeit, bis es uns erreicht. Selbst wenn der Raum bis ins Unendliche mit Sternen erfüllt wäre, die

Beim Blick in einen Wald können wir nur bis in eine bestimmte Entfernung schauen, dahinter verdecken die Baumstämme einander.

Sterne würden einander nur dann vollständig überdecken, wenn sie lange genug existierten.

Wenn wir in den Raum schauen, sehen wir in unserer Umgebung Galaxien und weiter draußen Quasare. Doch lange ehe unser Blick in Entfernungen geht, bei denen sich die Sternscheibchen vollständig überdecken würden, blicken wir in eine Zeit, in der es noch gar keine Sterne gab. Unser Blick trifft also auf nicht genügend viele Sternoberflächen. Fast immer geht er zwischen den Sternen hindurch in einen sternlosen Raum.

Das ist die Lösung, aber nur zur Hälfte.

Der dunkle Anblick des hellen Anfangs

Doch ganz so einfach, wie ich es eben beschrieben habe, lässt sich der dunkle Nachthimmel nicht erklären. Betrachten wir noch einmal die Abbildung auf Seite 76. Wenn die sich überdeckenden Sternscheiben den Himmel nicht ausfüllen, dann schauen wir ja an vielen von ihnen vorbei. Unser Blick geht weiter hinaus in den Raum und damit in die Zeit, die etwa 300 000 Jahre nach dem Urknall liegt. Wir sehen auf eine heiße, undurchsichtige Wand von etwa 3000°. Bei dieser Temperatur ist alle Materie weiß glühend. Wenn schon die Sterne den Nachthimmel nicht strahlend hell machen, warum leuchtet dann dieser Hintergrund nicht zwischen den sich gegenseitig überdeckenden Sternscheibchen hindurch und macht die Nacht zum Tage?

Wir blicken zwar auf eine Wand von 3000°. Aber da sich die Welt von jeher ausdehnte, bewegte sich die Materie dort mit großer Geschwindigkeit von uns weg. Die Photonen kommen deshalb spärlicher zu uns, wie die Tauben des sich von zu Hause entfernenden Züchters von Seite 39. Jedes Lichtquant ist langwellig und energiearm geworden, denn die Teilchen des Lichts sind nach Einstein Verformungen des Raumes, die mit der Expansion des Raumes gedehnt wurden. Das Licht ist so langwellig geworden, dass unser Auge es nicht mehr wahrnimmt. Die Wand von 3000° erscheint uns pechschwarz. Nur die Radioastronomen können ihre Strahlung als die kosmische Hintergrundstrahlung messen. Sie ist das Licht vom Rande der Welt.

Blick in das Weltall (schematisch). Die Sternscheibchen überdecken sich nicht gegenseitig, weil es in der frühen Vergangenheit noch keine Sterne gab. Wir blicken daher an den Sternen vorbei auf den Hintergrund. Doch warum ist er schwarz?

Dass es nachts dunkel wird, zeigt uns, dass es die Sterne nicht seit jeher gibt und dass sich das Weltall ausdehnt. Es verwundert, dass für die Beobachtung, die uns zu solchen grundlegenden Eigenschaften des Weltalls führt, keine Riesenteleskope und auch kein Fernrohr in einer Umlaufbahn nötig sind. Dazu genügt allein der Blick aus dem Fenster.

Der glühende Hintergrund

Der Satellit COBE konnte die Strahlung genauer untersuchen, als es von der Erdoberfläche aus möglich war. Das erste Ergebnis war, dass die Strahlung aus der Richtung des unscheinbaren Sternbildes Becher (Crater) südlich des Sternbildes Löwe geringfügig stärker kommt als aus der Gegenrichtung. Das ist zu erwarten, wenn sich die Erde um die Sonne, mit ihr um das Zentrum der Galaxis und mit dieser, relativ zur Strahlung, mit einer Geschwindigkeit von etwa 350 km/s bewegt. Dann erscheint uns die Strahlung wegen des Dopplereffektes in Bewegungsrichtung etwas stärker als in der Gegenrichtung. Wenn man diesen Effekt von den Messdaten abzieht, kommt die gemessene Strahlung aus allen Richtungen gleich stark. Es ist Strahlung, wie sie ein Körper von –270,3° aussendet.

Doch im Jahre 1992 gelang es, die Genauigkeit der COBE-Messungen weiter zu verbessern. Jetzt zeigte sich, dass die Strahlung doch nicht von überallher mit genau der gleichen Stärke bei uns eintrifft. Im Licht der Hintergrundstrahlung erscheint der Himmel fleckig. Die »helleren« Stellen sind aber nur wenige Hunderttausendstel Grad wärmer als die »dunkleren«. Leider konnten die Instrumente von COBE den Himmel nicht scharf sehen. Ihnen entgingen Schwankungen, die sich über Flächen von weniger als zehn Vollmonddurchmessern erstreckten. Erst als im Jahre 2001 ein heliumgefüllter Ballon mit Messinstrumenten an Bord in 38 Kilometern Höhe über der Antarktis tagelang die Strahlung registrierte, gelang es, Strukturen bis zu einem Drittel des Vollmondes zu erkennen. Das Projekt trug den

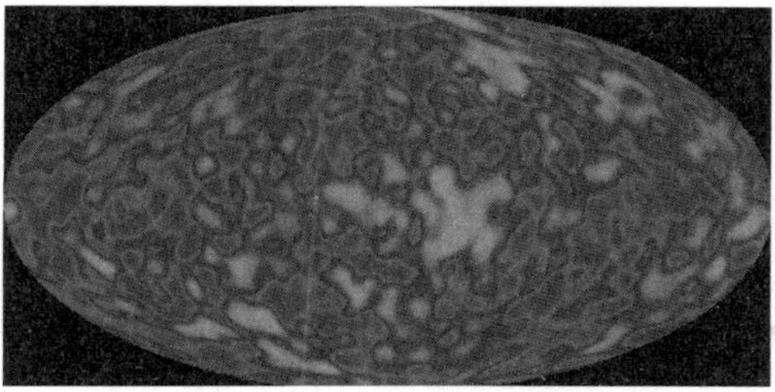

Der Himmel, so wie ihn COBE sah. Die Hintergrundstrahlung zeigt Flecken. Sind aus ihnen die gegenwärtig beobachtbaren Strukturen im Weltall entstanden? Der Vollmond ist ein Scheibchen von 0,08 mm Durchmesser

Namen BOOMERANG, und seine Messungen haben unsere Vorstellung von den frühesten Phasen der Expansion erweitert.

Im Sommer 2001 startete die NASA die Raumsonde WMAP, welche die von COBE entdeckten Flecken genauer untersuchen sollte. Der Name ist eine Abkürzung für Wilkinson Mikrowave Anisotropy Probe. »Wilkinson« erinnert an einen Mitarbeiter, der während der Vorbereitungen verstorben ist.

Die Sonde sollte die Flecken der Hintergrundstrahlung genauer vermessen als COBE. Sie wurde an einen Punkt im Sonnensystem gebracht, 1,5 Millionen Kilometer von der Erde entfernt auf der Verbindungslinie Sonne – Erde auf der der Sonne abgewandten Seite. An diesem Platz halten sich die Anziehungskräfte von Erde und Sonne und die Schwerkraft ihrer Bewegung um die Sonne das Gleichgewicht. War COBE in der Lage, Feinheiten bis zum Siebenfachen des Vollmonddurchmessers zu erkennen, so konnte WMAP Strukturen bis zu einem Drittel des Vollmonddurchmessers wahrnehmen. Wir werden auf die mit WMAP gewonnenen Erkenntnisse auf Seite 114 zurückkommen.

Doch WMAP ist nicht das Ende vom Lied. Seit dem 13. August 2009 kartiert die Europäische Sonde PLANCK den Himmelshintergrund. Jetzt beträgt die Genauigkeit ein Sechstel des Vollmonddurchmessers. Im Juni 2010 veröffentlichte die Europäische Raumfahrtsbehörde die erste Karte des von PLANCK aufgenommenen Mikrowellenhimmels. Sie lässt feinste Strukturen erkennen und kann Temperaturunterschiede von Millionstel Grad wahrnehmen. Die Sonde soll insgesamt noch vier Mal den gesamten Himmel mit Aufnahmen überdecken. Dann wird das Kühlmittel, flüssiges Helium, verdampft sein. Es besteht keine Aussicht, die von der Erde 1,5 Millionen Kilometer entfernte Sonde wieder aufzutanken. So werden wir im Jahre 2012 die letzten Botschaften von PLANCK empfangen.

Wir sehen in der Hintergrundstrahlung eine Wand von 3000°, deren Licht auf dem Weg zu uns langwellig geworden ist. Diese Wand zeigt Flecken. Sie geben uns Hinweise auf Vorgänge, die vor dem Beginn der Großen Durchsichtigkeit abliefen, also während der ersten 300 000 Jahre. Wer diese frühe Phase in der Entwicklung des Weltalls erklären will, der muss diese Zeichen an der Wand deuten.

Die ersten chemischen Elemente

Unser Gedankenexperiment mit der zusammengedrückten Kugel (vgl. S. 71) gibt uns Hinweise darauf, was vor Beginn der Durchsichtigkeit war.

Nahezu alle Materie in unserer bereits auf ein Tausendstel ihres ursprünglichen Durchmessers zusammengedrückten Kugel ist Wasserstoff. Um die positiven Atomkerne, die Protonen, kreist kein Elektron. Solange die Temperaturen im Bereich von Millionen Grad liegen, können Protonen einander nicht sehr nahe kommen, denn die abstoßende Kraft ihrer positiven elektrischen Ladungen lenkt ihre Bahnen vor dem Zusammenstoß ab. Erst wenn ihre Geschwindigkeiten bei mehreren Tausend km/s liegen und sie einander bis auf Entfernungen von Billionstel Millimetern nahe kommen, wird eine neue anziehende Kraft wirksam, die *Kernkraft*. Sie hält alle Atomkerne der Welt zusammen.

Wenn in unserer Testkugel Temperaturen von Milliarden Grad erreicht werden, bleiben beim Vorbeiflug gelegentlich Protonen aneinander kleben, festgehalten von der Kernkraft. Es laufen dann Kernprozesse ab, wie sie von irdischen Experimenten her bekannt sind. Protonen können sich in Neutronen umwandeln, indem sie ein positiv geladenes Teilchen abgeben, ein *Positron*, das dieselbe Masse wie das Elektron hat, aber eine elektrisch positive Ladung besitzt. An das Proton können sich Neutronen und weitere Protonen anlagern, und es entstehen Atomkerne, die mehrere Protonen und Neutronen enthalten.

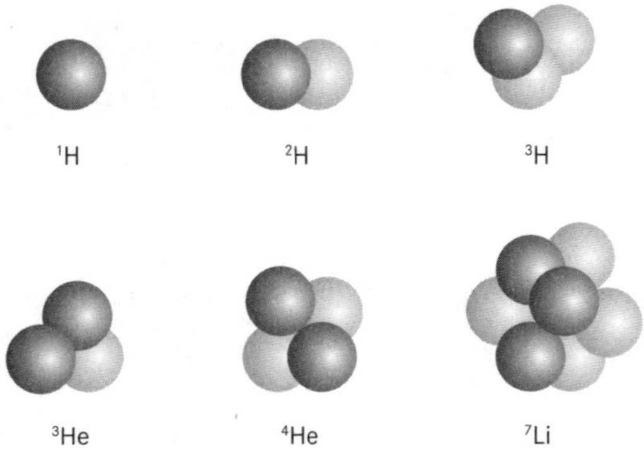

Die Atomkerne, die in den ersten Minuten nach dem Urknall entstanden sind. Dunkle Kugeln deuten Protonen, helle Neutronen an. In der oberen Zeile die drei Arten des Wasserstoffs, darunter zwei Arten des Heliums und eine Art des Lithiums. Die Zahlen geben die sogenannte Massenzahl an, die Anzahl der Bausteine im Kern.

Der Zustand unserer Testkugel entspricht jetzt dem des Weltalls wenige Minuten nach dem Urknall. Doch die Möglichkeit zur Bildung von zusammengesetzten Atomkernen währte nur kurze Zeit. Davor war die Temperatur zu hoch, die entstandenen Atomkerne wurden von vorbeikommenden Teilchen wieder zerschlagen, danach waren die Temperatur zu niedrig und die Geschwindigkeiten zu gering, um die abstoßenden Kräfte der positiven Kernladungen zu überwinden. So konnten sich nur die leichtesten chemischen Elemente bilden. Es waren verschiedene Arten des Wasserstoffs, das *Deuterium* und das rasch wieder zerfallende *Tritium*, deren Atomkerne neben einem Proton ein beziehungsweise zwei Neutronen beherbergen. Es bildeten sich auch Helium und Spuren von Lithium. Das Bild vom Urknall liefert recht genau die Häufigkeitsverhältnisse der leichtesten Atome im Weltall.

Mit diesen chemischen Elementen endet Gamows Traum, in dem *alle* chemischen Elemente kurz nach dem Urknall entstanden. Die schwereren chemischen Elemente sind erst später im Inneren von Sternen zusammengekocht worden.

Die Bausteine der Materie entstehen

Je weiter wir unsere Kugel zusammendrücken, umso mehr nähern wir uns den Bedingungen, die kurz nach dem Urknall herrschten. Dabei kommen wir in eine Epoche, in der es kaum einen Unterschied zwischen Materie und Strahlung gab.

Zu Beginn des 20. Jahrhunderts zeigte Einstein, dass Materie und Energie ein und dasselbe sind. Im Jahre 1932 konnte der Physiker Carl Anderson im Experiment nachweisen, dass sich Strahlungsenergie in Masse verwandelt. Ein Photon hoher Energie verwandelt sich spontan in zwei Materieteilchen, eines davon ist ein Elektron, das andere ist ein Positron. Würden wir in unserem Gedankenexperiment die Testkugel auf einen Durchmesser von 70 Zentimetern zusammendrücken, hätte die Strahlung eine Temperatur von 6 Milliarden Grad. Dann würden sich aus den Photonen ständig solche Elektron-Positron-Paare bilden. Das Positron ist ein Teilchen der *Antimaterie*, während das Elektron zur Materie zählt. Wenn beide aufeinanderstoßen, verstrahlen sie wieder zu einem Photon hoher Energie. In dieser frühen Phase des Weltalls, die wir in unserem Gedankenexperiment erreicht haben, wandeln sich also ständig Photonen in Teilchenpaare und Teilchenpaare in Photonen um.

Gehen wir noch weiter zurück in den Bereich von 10 Billionen (10 000 Milliarden) Grad. Der Durchmesser unserer Testkugel läge dann bei einem halben Millimeter. Jetzt wan-

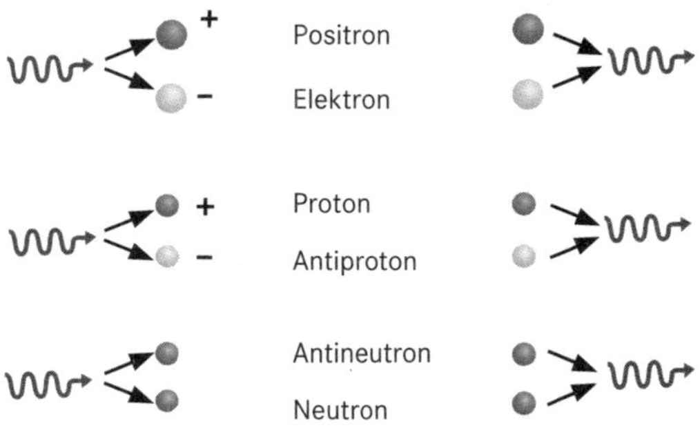

Aus Photonen (Wellenlinien) können Teilchenpaare entstehen. Teilchenpaare können wieder zu Photonen verstrahlen.

deln sich Photonen in Protonen und ihre Antiteilchen um. Das sind die *Antiprotonen*, die sich von den Protonen durch ihre entgegengesetzte Ladung unterscheiden. Auch zu den elektrisch neutralen Neutronen gibt es elektrisch neutrale *Antineutronen*, die beim Zusammentreffen mit Neutronen in einem Strahlungsblitz aufgehen. Der Stoff in unserer Kugel hat nunmehr die Eigenschaften des Strahlungs-Teilchen-Gemischs während der ersten Hundertstel Sekunden des Weltalls.

Die Geschichte der Ursuppe

Wie weit können wir unsere Testkugel an die Bedingungen des Urknalls heranbringen? Die Physiker können heute hohe Energiekonzentrationen künstlich erzeugen, indem sie in großen Beschleunigern Materieteilchen mit nahezu Lichtgeschwindigkeit aufeinanderprallen lassen. Sie erreichen damit Temperaturen, die in Grad ausgedrückt bei einer 17-stelligen Zahl liegen. In unserem Gedankenexperiment müssten wir dazu die Kugel auf einen Durchmesser von Hunderttausendstel Millimetern zusammendrücken. Dieser Zustand entspräche dem Weltall 0,000 000 000 001 Sekunden nach dem Urknall. Für die Zeit danach glauben wir eine ungefähre Ahnung vom Verhalten des Strahlungs-Materiegemischs zu haben.

Anfangs bestand der Stoff des Weltalls aus Strahlung und *Gluonen*, aus *Quarks* und *Antiquarks*. Die Quarks sind die Bestandteile der Elementarteilchen. Mit der Abkühlung bildeten sich aus ihnen Protonen und Neutronen, die Bausteine der heutigen Atomkerne, und ihre Antiteilchen. Auch Elektronen und ihre Antiteilchen, die Positronen, flockten aus. Noch andere Elementarteilchen bildeten sich zusammen mit ihren Antiteilchen und verstrahlten wieder miteinander. Doch mit der Expansion kühlte die Strahlung ab. Die Energie der Photonen reichte nicht aus, neue Teilchenpaare zu erzeugen. Die vorhandenen Teilchen und Antiteilchen verstrahlten aber weiter.

Wenn von Anfang an gleich viele Teilchen und Antiteilchen erzeugt worden sind, müssten sie sich alle im Laufe der Zeit paarweise vernichtet haben. Das Weltall müsste heute nur aus Strahlung bestehen. Warum aber leben wir in einer Welt, die aus Materie besteht?

Es gibt Hinweise darauf, dass nicht bei allen Prozessen Teilchen und Antiteilchen genau den gleichen Gesetzen gehorchten. Wahrscheinlich sind von Anfang an etwas mehr Teilchen als Antiteilchen entstanden. Als sie später miteinander verstrahlten, blieben die überzähligen Teilchen übrig. Die Strahlung kühlte sich mit der Expansion weiter ab und wurde schließlich zur kosmischen Hintergrundstrahlung.

Warum es uns eigentlich nicht geben kann

Die Entdeckung der kosmischen Hintergrundstrahlung gab uns Einblicke in die früheste Geschichte des Weltalls, doch sie brachte uns ein neues Problem.

Heute ist die Materie der Welt in Galaxienhaufen, in Galaxien und in Sternen geklumpt. Diese Strukturen müssten sich aus anfänglichen Unregelmäßigkeiten gebildet haben. Eine Stelle zufällig erhöhter Dichte hätte dann durch ihre Gravitation weitere Materie an sich gezogen. Doch dafür reichte die Zeit nicht aus. Da nämlich die Expansion der weiteren Verdichtung entgegenwirkt, wachsen die Dichteunterschiede nur langsam an. Zur Zeit des Beginns der Durchsichtigkeit lagen sie etwa bei einem Zehntausendstel Prozent. Sie sind es, die die Flecken am COBE-Himmel erzeugen (vgl. S. 87). Seither können die Verdichtungen höchstens auf ein Prozent der mittleren Dichte angestiegen sein. Die mittlere Dichte der Galaxien ist aber 100 000-mal größer als die mittlere Dichte im Weltall. Deshalb können die Galaxien bis heute noch nicht ausgeflockt sein. Die Zeit dafür reichte eben nicht. Wenn der Augenschein nicht eklatant dagegen spräche, wäre es den Kosmologen ein leichtes zu beweisen, dass es weder Galaxien noch Sterne und Planeten noch Menschen geben kann.

Doch es gibt einen Ausweg: Wir haben Grund, an Materie im Weltall zu glauben, die zwar nicht leuchtet, sich aber durch ihre Schwerkraft bemerkbar macht. Von dieser *Dunklen Materie* gibt es anscheinend viel mehr als die sichtbare

Materie der Sterne und der strukturlosen Gas- und Staubmassen zwischen ihnen. Die Dunkle Materie verrät sich, weil sie die Bewegung der Sterne in unserer eigenen Galaxis beeinflusst. Noch weiß niemand, woraus diese rätselhafte Materie besteht. Sind es planetenartige, kalte Körper, die zwischen den Sternen herumfliegen, nicht leuchten und deshalb unserer Beobachtung entgehen? Sind es noch unbekannte Elementarteilchen, die uns umschwirren und durchdringen und die von unseren Messinstrumenten noch nicht wahrgenommen worden sind?

Die Dunkle Materie könnte das Problem der Entstehung von Strukturen lösen. Vielleicht klumpte sie sich schon ganz am Anfang zusammen, wir können sie in der Hintergrundstrahlung nicht erkennen, weil sie kein Licht aussendet. An ihre Verdichtungen konnte sich die sichtbare Materie viel rascher anlagern und in viel kürzerer Zeit Galaxien bilden.

Dunkle Materie

Die Astronomen erkannten auch an der Bewegung der Galaxien in Galaxienhaufen, dass das Weltall von Materie erfüllt ist, die wir nicht sehen. Wie in einem Mückenschwarm bewegen sie sich dort kreuz und quer. Doch wenn sich eine zu weit von der Mitte entfernt, holt sie die Schwerkraft der anderen zurück. Je stärker die Schwerkraft, umso früher zwingt sie die Ausreißerin zur Umkehr. Deshalb verraten uns die mit dem Dopplereffekt gemessenen Geschwindigkeiten und die Durchmesser der Galaxienhaufen die Stärke der Schwerkraft, die den Haufen zusammenhält. Die sichtbare Materie reicht dazu nicht aus, es muss noch unsichtbare Materie geben, deren Schwerkraft die Galaxien des Haufens beherrscht.

Selbst in unserer Milchstraße gibt es solche Materie. Wir haben sie also direkt vor der Nase. Das zeigt sich an der Bewegung der Sterne um das Milchstraßenzentrum. Würden sie allein der Fliehkraft folgen, so müssten sie aus unserer Galaxis herausfliegen. Doch die Schwerkraft der Milchstraße hält sie zurück. Aus der Schwerkraft können wir die anziehende Masse unserer Galaxis berechnen. Sie übertrifft die der sichtbaren Materie um das Zehnfache: Es gibt also etwa zehnmal mehr Materie, als wir sehen. Ist es Materie, wie wir sie kennen, etwa ganz normale Atome, die nur nicht leuchten? Wir können die Menge der uns bekannten Materie, die aus Protonen, Neutronen und Elektronen besteht, abschätzen. Die Physiker nennen sie *baryonische Materie*. In den ersten Minuten unseres Kosmos, als die verschiedenen Arten des Wasserstoffs und das Helium entstanden, spielte die Menge der vorhandenen Protonen und Neutronen eine entscheidende Rolle. Das Mischungsverhältnis der leichten Elemente verrät uns auch heute noch die damalige Menge der *baryonischen Materie*. Daraus können wir deren heutige Dichte berechnen. Sie liegt bei nur 10 Prozent der Schwerkraft ausübenden Materie. Der Hauptteil der geheimnisvollen Dunklen Materie ist also anders als die Materie, die wir kennen. Wenn wir auch nichts von ihr wissen, einen Namen hat sie schon: *nichtbaryonische Materie*.

Die baryonische Materie macht nur einen Bruchteil der gesamten Materie des Weltalls aus. Der Physiker Herwig Schopper formulierte: Die Materie, aus der wir bestehen, ist ein Kuriosum im Weltall.

Die ungeliebte Naturkonstante

Die Dunkle Materie verrät sich durch ihre Schwerkraft. Doch es scheint noch einen anderen unbekannten Stoff zu geben, der sich durch seine *abstoßende* Kraft bemerkbar macht. Sie hat eine lange Geschichte.

Vor dem Jahre 1929 glaubten die Astronomen, das Weltall sei statisch, es dehne sich weder aus noch stürze es, durch die Schwerkraft getrieben, in sich zusammen. Zwölf Jahre vor der Entdeckung der Expansion des Weltalls versuchte Einstein, seine Gleichungen der Allgemeinen Relativitätstheorie auf den gesamten Kosmos anzuwenden. Er erhielt aber lediglich Weltmodelle, in denen sich das Weltall entweder ausdehnt oder in sich zusammenstürzt. Ein statisches Weltall lieferten ihm seine Gleichungen nicht. Daraufhin überprüfte er die Theorie noch einmal und merkte, dass die Regeln, nach denen er sie hergeleitet hatte, neben der Schwerkraft auch noch eine abstoßende Kraft zulassen, die er vorher übersehen hatte. Der Fehler spielt im Bereich der Planeten und auch in der Milchstraße keine Rolle, nur für das Weltall als Ganzes ist er von Bedeutung. Als Einstein seine Gleichungen korrigierte, lieferten sie ihm ein statisches Weltall, so wie es die Astronomen damals vermuteten. Während innerhalb der Galaxis und erst recht im Sonnensystem die Schwerkraft vorherrscht, dominiert über Entfernungen von Milliarden von Lichtjahren der vorher vergessene Teil der Gleichungen. Er wird durch eine neue Naturkonstante festgelegt, die *kosmologische Kons-*

tante, die Einstein mit dem griechischen Buchstaben Λ (Lambda) bezeichnete und die auch *kosmologisches Glied* genannt wird. Mit ihr lieferten seine Gleichungen ein Weltall, das im Gleichgewicht ist. Einstein war zufrieden.

Doch dann entdeckte Hubble die Expansion der Welt. Im Januar 1931 besuchte Einstein das Mount-Wilson-Observatorium (vgl. die Abbildung auf S. 49) und diskutierte mit Hubble und dessen Mitarbeitern, und er ließ sich überzeugen, dass das Weltall gar nicht statisch ist. Damit war der Grund für die kosmologische Konstante hinfällig geworden. Einstein soll daraufhin ihre Einführung für die größte Eselei seines Lebens gehalten haben. Albert Einstein kehrte der kosmologischen Konstanten den Rücken.

Die Auferstehung von Lambda

Auch nach der Entdeckung der Galaxienflucht war die kosmologische Konstante nie wirklich tot. Die durch Lambda hervorgerufene abstoßende Kraft kann das aus der Expansion errechnete Weltalter wesentlich verlängern. Etwa so: Der Schwung der Expansion wurde anfangs durch die Schwerkraft gebremst. Fast hätte sie die Expansionsbewegung zum Stillstand gebracht. Lange Zeit kämpften die Anziehung der Schwerkraft und die Abstoßung der kosmologischen Konstanten gegeneinander, bis schließlich die Expansion siegte. Wenn wir aber aus der gegenwärtigen Expansion die seit dem Anfang vergangene Zeit berechnen, dürfen wir die Wartezeit, während der sich Schwereanziehung und Abstoßung fast die Waage hielten, nicht vergessen. Sie vergrößert das errechnete Weltalter. Die Schule der Kosmologen um den Bonner Astrophysiker Wolfgang Priester schätzte das durch die kosmologische Konstante verlängerte Weltalter sogar auf 30 Milliarden Jahre.

Einsteins Lambda hat neuerdings Unterstützung von ganz anderer Seite bekommen. Die Quantenmechanik lehrt uns, dass es keinen wirklich leeren Raum gibt. Stets bilden sich im Vakuum spontan elektrische und magnetische Felder, aus denen sogar Teilchen entstehen können, etwa Elektron-Positron-Paare, die nach kurzer Zeit wieder verstrahlen. Das Vakuum besteht also nicht aus nichts, es ist vielmehr ein recht kompliziertes Gebilde, dessen Eigenschaften die Physiker im Experiment untersuchen können. Viele Physiker glauben, dass das recht komplizierte Vakuum mit der kosmologischen Konstanten zusammenhängt. Was immer die Ursache der abstoßenden Kraft ist, sie hat schon einen Namen: Die Kosmologen nennen sie *Dunkle Energie*, manche sprechen auch von der *Quintessenz*; in Anlehnung an die vier Elemente der Griechen Feuer, Wasser, Luft und Erde stellt sie sozusagen das fünfte Element dar, die Quintessenz.

Dass das Lambda die Expansion vielleicht doch beeinflusste, weiß man erst seit Kurzem. Es stellte sich heraus, dass die Expansionsbewegung der fernsten Galaxien etwas kleiner ist, als das Hubblesche Gesetz fordert. Da wir in großen Entfernungen weit in die Vergangenheit schauen, bedeutet dies, dass die Expansion früher langsamer war. Das Weltall dehnt sich also beschleunigt aus. Der Grund ist eine abstoßende Kraft, wie sie Einsteins Lambda hervorruft.

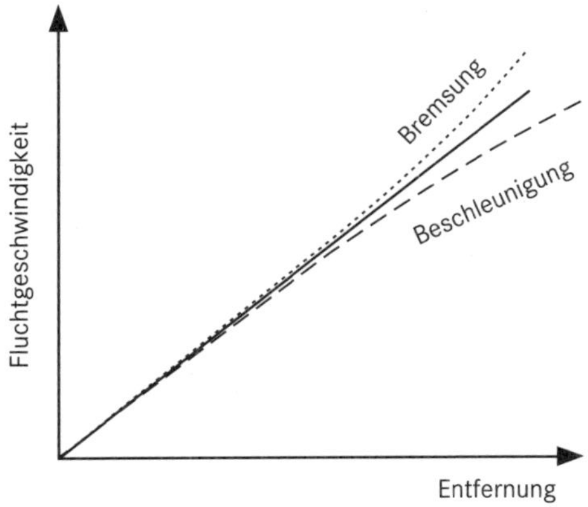

In großen Entfernungen blicken wir weit in die Vergangenheit zurück. Bei starker Bremsung durch die Schwerkraft weicht die Beziehung zwischen Entfernung und Geschwindigkeit nach oben ab (früher war die Expansion rascher), bei beschleunigter Expansion nach unten (früher war die Expansion langsamer).

Zurück zur Sekunde null

Experimente in den Teilchenbeschleunigern, etwa im Large Electron Positron Collider (LEP) des Europäischen Forschungszentrums CERN in Genf, gestatten es, Materie bei extrem hohen Temperaturen zu untersuchen. Damit lassen sich Aussagen über die Materie

0,000 000 000 001 Sekunden

nach dem Urknall und danach machen.

Doch seit November 2008 treffen im großen Teilchenbeschleuniger des Europäischen Labors in Genf, dem *Large Hadron Collider*, Protonen mit gewaltiger Energie aufeinander und gestatten, die physikalischen Gesetze bei extrem hohen Energien zu studieren, wie sie kurz nach dem Urknall herrschten. Im März 2010 erreichten die Genfer Physiker in ihrer Maschine etwas höhere Temperaturen als mit der alten. Man hofft, sich mit noch höheren Energien allmählich an den Zustand des Weltalls im Weltalter von

0,000 000 000 000 2 Sekunden

heranzutasten.

Es gibt Theorien, die die Erscheinungen bei diesen extremen Bedingungen erklären können, etwa wie sich die Bausteine der baryonischen Materie, die Quarks, verhalten und die Gluonen, welche sie in den Protonen und Neutronen zusammenhalten. Diese Theorien lassen sich auch in den Bereich noch höherer Temperaturen bzw. noch höherer Energiedichten extrapolieren, wenn auch der experimentelle Beweis ihrer Gültigkeit in jenen Extrembereichen nicht mehr möglich ist. Ich will diesen Bereich die *Graue*

Epoche der Physik nennen. Gilt für den Bereich niedrigerer Temperaturen noch die Experimentalphysik, so hat der Göttinger Physiker Hubert Goenner für die Physik der Grauen Epoche den Begriff der *Extrapolationsphysik* geprägt. Sie dehnt den experimentell gesicherten Bereich der Theorie in den experimentell ungesicherten Bereich aus. Wie weit reicht die Graue Epoche an den eigentlichen Urknall heran? Wo versagen auch die Theorien, die zumindest noch vage mit den experimentell gesicherten Erscheinungen zusammenhängen?

Vorläufig sind alle Versuche gescheitert, die Quantenmechanik und Einsteins Gravitationstheorie zu einer einheitlichen Theorie zu vereinigen. Das aber wird notwendig, wenn die Materie beschrieben werden soll, deren Temperatur so nahe am Urknall liegt, dass das Weltalter in Sekunden ausgedrückt nach dem Komma 41 Nullen besitzt:

0,000 000 000 000 000 000 000 000 000 000 000 000 000 001
Sekunden.

Diesen Zeitpunkt nennt man zu Ehren des Physikers Max Planck (1858–1947) die *Planck-Zeit*. Erst von diesem Augenblick an begann die Graue Epoche. Was vorher war, ist Terra incognita. Davon haben wir heutzutage nicht die leiseste Ahnung. Ich will diesen Zeitraum zum Unterschied zur Grauen Epoche die *Weiße Epoche* nennen. Nur für die Zeit danach glauben wir, dass die Einsteinsche Theorie die Schwerkraft richtig wiedergibt. Unsere Vorstellungen von Raum und Zeit, so wie wir sie in unserer Anschauung haben, sind für die Zeit davor wahrscheinlich bedeutungslos. Um die spöttischen Worte des Münchner Kosmologen Gerhard Börner zu gebrauchen: »Was da war, das weiß nur der Papst, der Dalai Lama und vielleicht noch Stephen Hawking.«

Bei einem heutigen Weltalter von etwa 14 Milliarden Jahren mag ein winziger Bruchteil der ersten Sekunde am Anfang des Weltalls unwichtig erscheinen. Aber die entscheidenden Merkmale unseres heutigen Universums wurden bereits in diesem ersten Augenblick festgelegt.

Die Gesetze der Grauen Epoche

Das war die Zeit zu Beginn der ersten Sekunde, die unmittelbar nach der Planck-Zeit folgte und in der unsere Vorstellungen von Experimenten gestützt werden. Wir wissen nicht, welche Naturgesetze davor geherrscht haben. Für die Graue Epoche kann sich der Kosmologe zumindest an experimentell gestützte Theorien halten, wenn er auch nicht sicher sein kann, ob sie wirklich gelten. Die Erforschung der Grauen Epoche ist vielleicht der spannendste Teil der gegenwärtigen Physik. An die Stelle der Experimente treten kosmologische Beobachtungen, an die Stelle der gesicherten Naturgesetze tritt die Ahnung, welche physikalischen Gesetze damals das Geschehen bestimmt haben könnten.

Vier Kräfte regieren heute die physikalische Welt: die elektromagnetische Kraft, zwei Arten von Kernkräften, welche den Aufbau und den Zerfall von Atomkernen bestimmen, und die Schwerkraft. Es gibt Gründe anzunehmen, dass bei hinreichend hohen Temperaturen diese vier Kräfte verschiedene Formen einer einzigen Universalkraft sind.

Wenn das stimmt, waren also irgendwann vor der Planck-Zeit alle vier Kräfte eine einzige, die Welt beherrschende Kraft gewesen. Doch dann trennte sich die Schwerkraft von der Universalkraft ab. Danach, als sich das Weltall weiter abgekühlt hatte, löste sich die starke Kernkraft als gesonderte Kraft. Das war in der Grauen Epoche, hinter dem Komma sind jetzt nur noch 34 Nullen:

0,000 000 000 000 000 000 000 000 000 000 000 01 Sekunden.

Die dabei frei werdende Energie zwang das Weltall, sich in kürzester Zeit so stark auszudehnen, dass ein Raumgebiet von der Größe eines Stecknadelkopfes sich danach über Hunderte von Milliarden Lichtjahren erstreckte. Nach dieser Phase der *Inflation* flog die Materie wieder gemächlich auseinander, wie es das Hubblesche Gesetz befiehlt. An dieses Bild glauben viele Kosmologen.

Mit ihm lässt sich die Fleckigkeit der Hintergrundstrahlung (vgl. S. 87 und 114) erklären. Selbst wenn die Dichte der sichtbaren und der Dunklen Materie des Weltalls vor

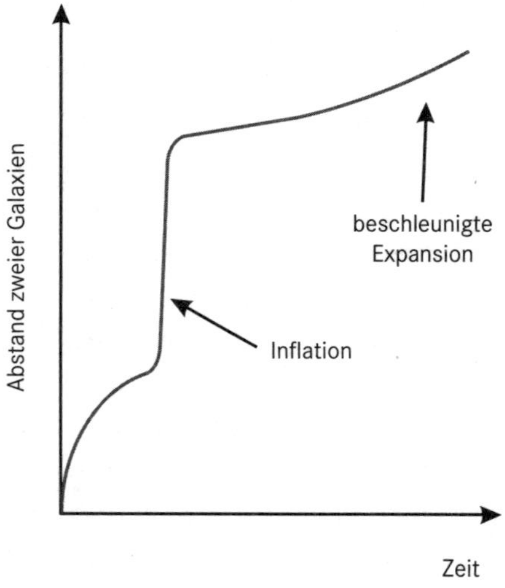

Die Expansion des Weltalls im Laufe der Zeit. Es beginnt mit dem Urknall. Nach kurzer Zeit folgt die Inflation, in der sich alle Entfernungen schlagartig vergrößern. In den Jahrmilliarden danach expandiert das Weltall wieder langsamer, wobei sich die Expansion langsam verstärkt. Die Zeitachse ist links stark gedehnt, rechts stark zusammengedrückt.

der Inflation recht gleichförmig war, die Quantenmechanik verlangt, dass sie in kleinen Raumgebieten Fluktuationen zeigte. Diese mikroskopischen Dichteschwankungen wurden durch die Inflation aufgeblasen, sodass sie danach so groß waren wie die Flecken am COBE-Himmel.

Ist das Rätsel ein Rätsel?

Das Inflationsmodell erklärt ein Rätsel, das den Kosmologen bisher Kopfschmerzen bereitete. Die Hintergrundstrahlung, die von zwei entgegengesetzten Stellen des Himmels zu uns kommt, wurde beide Male etwa 300 000 Jahre nach dem Urknall ausgesandt. Die Materiemengen beider Stellen waren in der Geschichte des Weltalls einander niemals so nahe, dass ein Lichtstrahl von der einen die andere hätte erreichen können. Trotzdem haben beide die gleiche Temperatur. Das ist rätselhaft, da kein Signal schneller ist als das Licht. Wie können sie aber dann ihre Temperatur aneinander angeglichen haben?

Für die Anhänger der Inflationstheorie ist das kein Problem. All diese Materie war vor der Inflation im Stecknadelkopf so nahe beieinander, dass ihre Teile ihre Temperaturen einander auf Hundertausendstel Grad genau angleichen konnten. Danach hat die Inflation den Raum aufgeblasen und die ursprünglich benachbarten Stellen so weit ausein-

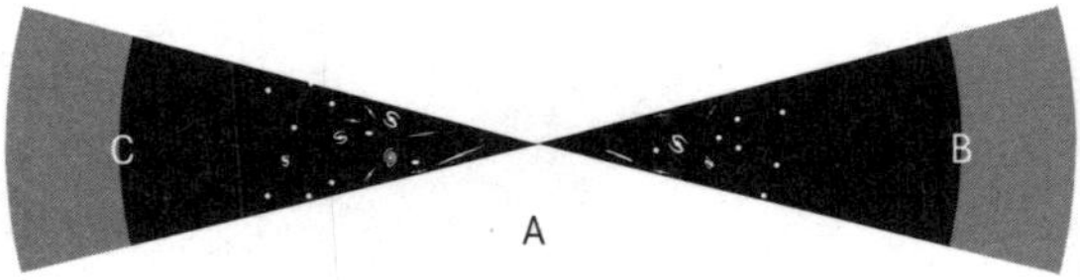

Der Beobachter A blickt wie in der Abbildung auf Seite 76 in die Vergangenheit des Weltalls, diesmal blickt er in zwei entgegengesetzte Richtungen. Dabei endet sein Blick an den Stellen B und C der Wand von 3000°, dort, wo das Weltall gerade durchsichtig wird. Obwohl in der Vergangenheit kein Signal von B nach C gelangen konnte, haben beide Stellen dieselbe Temperatur.

andergetrieben, dass es scheint, sie hätten nie miteinander Kontakt gehabt. Viele Kosmologen halten diese Erklärung für einen großen Erfolg der Inflationstheorie.

Doch war das überhaupt ein Rätsel? Wir wissen nichts von der Weißen Epoche. Wir wissen nicht, welche Bedeutung dort die Lichtgeschwindigkeit hatte. Warum sehen wir dann ein Problem darin, dass aus dieser Epoche Raumgebiete hervorgingen, die einander angeglichen sind, obwohl sie wegen der Lichtgeschwindigkeit von heute nie miteinander in Kontakt gekommen sind? Es ist keineswegs selbstverständlich, dass die Lichtgeschwindigkeit von heute in jener Zeit irgendeine Bedeutung hatte. Die Relativitätstheorie von heute galt damals ebenso wenig wie die heutige Quantenmechanik.

Die Gesetzlosigkeit der Weißen Epoche

Was war, bevor die Graue Epoche begann? Was war vor der Zeit, die in Sekunden ausgedrückt eine vor und 41 Nullen hinter dem Komma hat, und was war davor? Wir haben keine einheitliche Theorie, die alle Kräfte der Natur, einschließlich der Schwerkraft, erklärt, eine »theory of everything«, eine »Theorie für alles«. Die größten Physiker des letzten Jahrhunderts, unter ihnen Albert Einstein und Richard Feynman, haben sich daran versucht und sind gescheitert. Auch heute wollen viele Physiker eine »Theorie für alles« entwickeln. Im Augenblick scheint es, als ob die sogenannte *Stringtheorie* uns der Lösung des Problems etwas näherbringen könnte.

Nach wie vor gilt: Wir kennen die Gesetze der Weißen Epoche nicht. Wer sich an einer Theorie versucht, von der er hofft, dass sie einige Gesetzmäßigkeiten der Weißen Epoche richtig wiedergibt, kann sagen, was während dieser kurzen Zeit vor sich ging. Doch seine Aussagen stehen auf wackligen Füßen, solange es nicht eine geschlossene, allgemein akzeptierte Theorie gibt. Vorläufig kenne ich keine.

Aber ob Laie oder Physiker, wir sind immer wieder versucht uns vorzustellen, wie es in der Weißen Epoche zugegangen sein könnte, die nur den winzigsten Bruchteil der ersten Sekunde währte, von der Zeit null bis zur Planck-Zeit.

Halt, jetzt sind wir schon in die erste Falle getappt! Was ist die Planck-Zeit? Wir rechnen die gegenwärtig beobach-

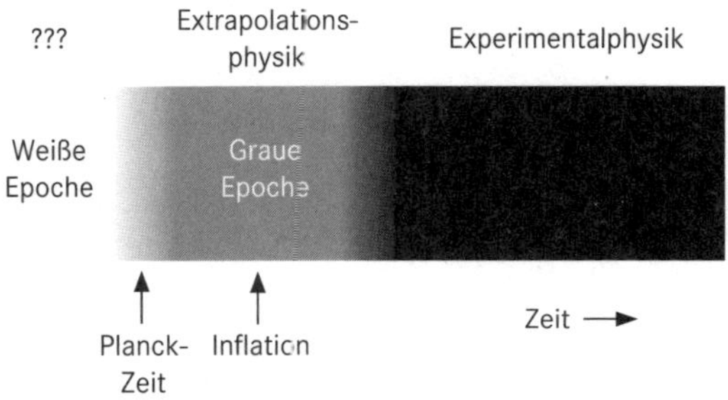

Weiße und Graue Epoche und danach die Zeit, in der die Physik durch Experimente gestützt wird.

tete Expansionsbewegung zurück bis zu Temperaturen, bei denen die gegenwärtige Physik nicht mehr gilt. Raum und Zeit, so wie sie die Relativitätstheorie beschreibt, gab es davor nicht. Wir wissen nicht, was während der Weißen Phase »Zeit« war. Deshalb wissen wir gar nicht, wie lange diese Phase währte. Nur wenn wir unsere gegenwärtige Physik in die Zeit zurückextrapolieren, in der sie längst nicht mehr gilt, kommen wir auf die Planck-Zeit. Da wir vom Begriff der Zeit während der Weißen Phase keine Ahnung haben, kann diese Phase kurz, lang oder vielleicht unendlich lang gewesen sein, was immer das bedeutet.

Deshalb ist auch die Frage »Was war vor dem Urknall?« unsinnig, denn der Begriff der Zeit und das, was wir mit »davor« meinen, ergibt nur in der uns bekannten Physik einen Sinn, also erst von der Grauen Epoche an. Dass wir diese Frage nicht beantworten können, tut unserem Denken allerdings weh, denn im täglichen Leben sind wir gewohnt, stets nach einem »Davor« fragen zu können. Aber der Beginn des Weltalls gehört nicht zu unserem täglichen Leben.

Aufgeblasene Quantenphysik

Wir erfuhren auf Seite 87, dass die Sonde WMAP den Himmel 21 Mal schärfer sehen konnte als COBE. Die Ursachen für die Körnung der Temperaturverteilung liegen irgendwo vor dem Beginn der Durchsichtigkeit des Weltalls, also vor dem Weltalter von etwa 300 000 Jahren. Die Materie bestand zu dieser Zeit aus Atomen, die sich bereits in den ersten Minuten (vgl. S. 90) gebildet haben, das heißt im sicheren Hafen der Experimentalphysik. Auch für die frühere Zeit, in die wir wegen der Undurchsichtigkeit der damaligen

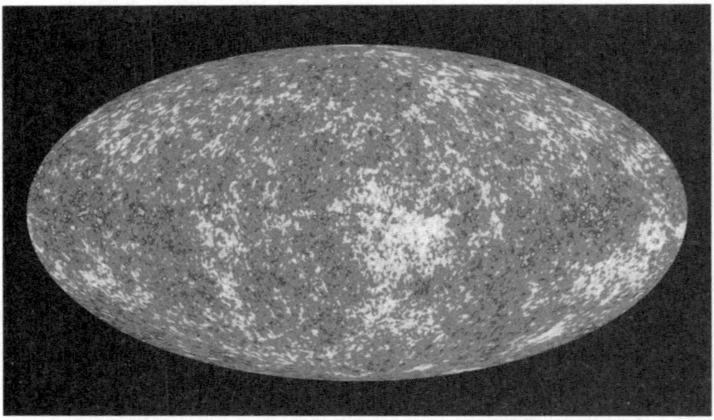

Wie die Sonde COBE (vgl. S. 87) hat WMAP den Mikrowellenhimmel aufgenommen. Die Fleckigkeit des WMAP-Himmels bestätigt die COBE-Ergebnisse, kann aber Details bis herab zu einem Drittel des Vollmonddurchmessers erkennen. Der Durchmesser des Vollmondes beträgt auf dieser Karte etwa ein Zehntel Millimeter. Die Helligkeit der Flecken im Graustufenbild entspricht verschiedenen Temperaturen. Die »stärksten« Flecken sind 0°0008 heißer als der mittlere Himmelshintergrund.

Weltmaterie nicht blicken können, gilt die experimentell erforschte Physik, bis in das Weltalter von Billiardstel Sekunden (vgl. S. 104). Die Inflation aber war noch früher (vgl. S. 108) in der Grauen Epoche, der Extrapolationsphysik, und wir glauben daher, dass die wichtigsten physikalischen Gesetze damals schon galten. Die Lichtgeschwindigkeit hatte bereits den heutigen Wert, Verdichtungen in der Weltmaterie, die nicht von der Gravitation zusammengehalten wurden, flogen mit Schallgeschwindigkeit auseinander. Dabei war diese ungleich größer als die Schallgeschwindigkeiten, die wir heute auf und in der Erde, im (fast leeren) Weltraum und im Inneren der Sterne messen.

Die Hintergrundbilder von COBE, den anderen Messungen wie BOOMERANG und WMAP zeigen die Temperatur- und damit auch die Dichteschwankungen im Weltall zu dem Zeitpunkt, als die Weltmaterie durchsichtig wurde, also etwa drei Jahrhunderte nach dem Urknall. Da die verschiedenen Verdichtungen verschiedene Größen haben, steht der Astronom vor der Aufgabe, in den COBE- oder den MWAP-Bildern die Verteilung der Größen der Flecken zu bestimmen. Wie hängen die Temperaturunterschiede mit der Größe der Flecken zusammen?

Da während der Inflation die Extrapolationsphysik gilt, wissen die Astrophysiker einiges über das Verhalten des Gas- und Strahlungsgemisches: Vor der Inflation entstanden und verschwanden in ihm ständig Teilchenpaare. Sie kamen aus einer Art Unterwelt des Raumes. Das ist ein Effekt der *Quantenmechanik*. Diese sogenannten virtuellen Teilchen können während ihres kurzen Lebens mit den Teilchen des Raumes in Wechselwirkung treten. Der holländische Physiker Hendrik Casimir hatte das im Jahre 1948 vorausgesagt, und zwei Jahre später haben russische Physiker die Kräfte, die diese Unterwelt-Teilchen an Teilchen der realen Welt ausüben, im Labor gemessen. Sie prägen mit ihrem spontanen Kommen und Gehen der Teilchendichte eine extrem feine »Körnung« auf, die durch die Inflation aufgeblasen wurde. Zwei Atome, die vor der Inflation einen Abstand von einem Zehntel Millimeter hatten, waren danach vielleicht 100 Millionen Lichtjahre voneinander entfernt. Der britische Astronom Edward Harrison (1919–2007) und sein russischer Kollege Yakov Zeldovich (1914–1987) konnten die Flecken im COBE-Himmel als die Folgen solcher früher Quantenfluktuationen deuten. Die räumlich winzigen Fluktuationen in der Welt der Quanten waren von der Inflation auf kosmische Dimensionen aufgeblasen worden, die am COBE-Himmel Flecken von mehr als vier Vollmonddurchmessern einnehmen.

Das Standardmetermaß am WMAP-Himmel

Doch die Analyse des WMAP-Himmels zeigte nicht nur die großen Flecken aufgeblasener Quantenstrukturen, sie zeigte auch besonders viele Flecken, deren Durchmesser fast so groß sind wie der des Vollmondes. Diese Flecken fallen aber gleichzeitig auch durch ihre *Stärken* auf, das heißt durch ihre Temperaturunterschiede zum Rest des Himmelshintergrundes. Es sind zwar weniger als ein Tausendstel Grad, aber das ist etwa das Dreifache der anderen Fluktuationen. Wieder nahm sich Zeldovich der Sache an. Zusammen mit seinem Mitarbeiter Rashid Sunyaev, der heute in Garching arbeitet, studierte er das Verhalten der Materie des Weltraumes nach der Inflation, kurz bevor sie durchsichtig wurde. Die Materie liegt ja in der Epoche der Experimentalphysik. Die Lichtgeschwindigkeit hatte schon den Wert, den sie auch heute besitzt, und die Schallgeschwindigkeit hing genauso wie heute bei uns von den Eigenschaften des Gases ab, das der Schall durchdringt, im Besonderen von der Temperatur. Tatsächlich betrug in dieser frühen Epoche des Weltalls, als die Weltmaterie noch sehr heiß war, die Schallgeschwindigkeit mehr als die Hälfte der Geschwindigkeit des Lichtes. (Bei uns auf der Erde folgt bei erträglichen Lufttemperaturen der Donner mit einer Schallgeschwindigkeit von einem Millionstel der Lichtgeschwindigkeit, mit der der Blitz durch die Landschaft eilt.)

Während die Materie noch undurchsichtig war, traten im

Gas Schwingungen auf. Stellen wir uns doch einen Ballen von Materie vor, kurz vor dem Beginn der Durchsichtigkeit, der zufällig eine etwas höhere Dichte hatte als seine Umgebung.

Er versucht, seinen Druck an die Umgebung anzugleichen, und eine Welle geht mit Schallgeschwindigkeit von ihm weg. Sie kommt aber nicht weit, denn sobald die Materie durchsichtig wird, kühlt das Gas ab, die Schallgeschwindigkeit sinkt stark ab, die Welle bleibt stehen. Den Weg, den die Welle zurückgelegt hat, nennt man den *Schallhorizont*. Er bestimmt die Größe der von WMAP gefundenen stärksten Flecken von nahezu Vollmondbreite.

Damit hat man die Fleckengröße physikalisch errechnet, man kann ihren Winkeldurchmesser aber auch direkt aus der Karte von WMAP herauslesen. Da man den Abstand des Hintergrundhimmels kennt – es sind etwas weniger als 13,7 Milliarden Lichtjahre –, so folgt aus dem Winkeldurchmesser der Durchmesser in Lichtjahren. Das ist das Ergebnis einer einfachen Aufgabe aus der Geometrie, die wir in der Schule gelernt haben, der euklidischen Geometrie, in der zum Beispiel die Summe der Winkel in einem Dreieck exakt 180 Grad beträgt. Aber gilt die Schulgeometrie auch in den Weiten des Weltraumes? Sie gilt, und eines der Argumente dafür ist, dass man mit den beiden Methoden, der physikalischen und der schulgeometrischen, dasselbe Ergebnis erhält.

Sehen wir uns das Schema der Bestimmung der Fleckengröße mit schulgeometrischen Mitteln im unteren Bild von Seite 119 an: Stellen wir uns ein Dreieck vor, an dessen rechter Ecke wir stehen. Die beiden linken Ecken liegen an der Wand der Hintergrundstrahlung. Wir haben dann ein Dreieck, wie es die Abbildung zeigt.

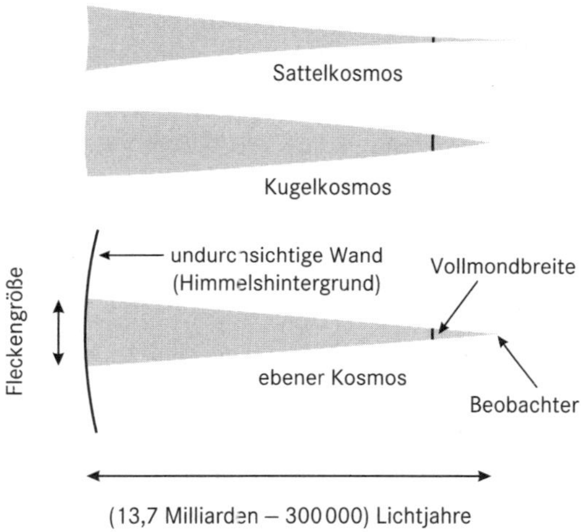

Dreiecke (grau) in verschiedenen Raumformen: Der Beobachter (unten) blickt nach links auf den Himmelshintergrund, zurück in die Zeit, als dort die Materie durchsichtig wurde. Physikalische Überlegungen gestatten, die Größen der »stärksten« Flecken zu berechnen. Zum anderen kann man die Größe der »stärksten« Flecken aus dem Winkel, unter dem sie uns erscheinen, und ihrem Abstand nach der Methode der Geometer bestimmen. Doch das Ergebnis hängt von der Geometrie des Weltraumes ab. Ist die Geometrie die, die wir in der Schule gelernt haben (Winkelsumme im Dreieck gleich 180 Grad), ist der Raum eben (flach). Ist sie die eines Kugelkosmos, ist die Winkelsumme größer (zweites Dreieck oben). Ist der Weltraum ein Sattelraum (Winkelsumme kleiner als 180 Grad (oberstes Dreieck), ist die Winkelsumme kleiner als 180 Grad. Nur im ebenen Raum sind die durch Anvisieren bestimmten Größen gleich den wirklichen Größen der Flecken. Also ist der Weltraum ein ebener Raum!

Im Dreieck kann man mit einfachen Mitteln aus dem Winkel an der rechten Spitze und den beiden gleich langen Schenkeln nach den Regeln der Schulgeometrie die Fleckengröße (links) berechnen, und siehe da, die geometrisch berechnete Fleckengröße stimmt mit der durch physikalische Überlegungen gewonnenen Flächengröße überein. Das bedeutet, dass das graue Dreieck, dessen Schenkel Milliarden von Lichtjahren lang sind, der Schulgeometrie gehorcht. In anderen Worten: Der Weltraum ist nicht krumm.

Aber was ist ein krummer Raum? Da bei der Vorstellung eines krummen Raumes unsere Anschauung versagt, müssen wir zuerst krumme Flächen betrachten. Wir kennen ebene Flächen, wie die eines Zeichenblattes, und krumme, wie die einer Kugeloberfläche. Daneben gibt es auch noch die *Sattelfläche.*

Die kürzesten Verbindungslinien in der Ebene sind gerade Strecken. Mit ihnen können wir Dreiecke konstruieren. Addiert man ihre Winkel, erhält man – wie immer das

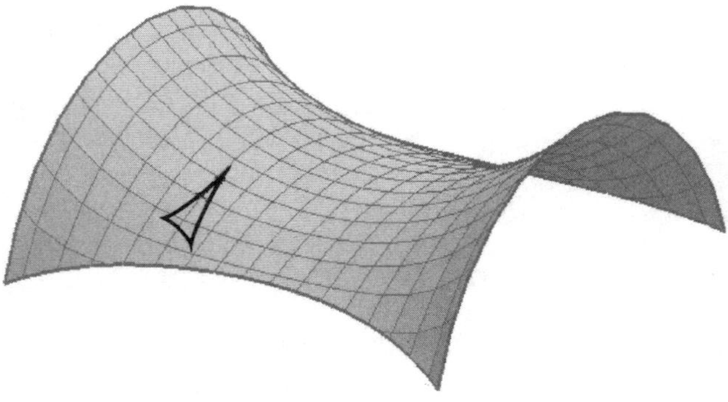

Auf der Sattelfläche ist die Winkelsumme eines Dreiecks kleiner als 180 Grad. Auf der Kugelfläche (vgl. S. 124) ist die Winkelsumme größer als 180 Grad. In der Ebene ist sie genau 180 Grad. Den drei Flächentypen entsprechen drei Möglichkeiten für den Weltraum: Der ebene Kosmos, der Sattelkosmos und der Kugelkosmos. In allen drei Raumformen sind die Winkelsummen im Dreieck so wie in den entsprechenden Flächenformen.

Dreieck auch aussieht – 180 Grad. Die kürzesten Verbindungen zweier Punkte auf der Kugelfläche sind krumm. Bildet man mit ihnen ein Dreieck, so ist die Winkelsumme größer als 180 Grad (vgl. hierzu die Abbildung auf S. 124). Auf der Sattelfläche sind die Dreiecke so mager, dass ihre Winkelsumme weniger als 180 Grad beträgt.

Natürlich haben wir dabei nicht alle denkbaren Flächen erfasst, zum Beispiel nicht die eines zusammengeknüllten Papiers, sondern nur die, deren geometrische Eigenschaften an jeder Stelle dieselben sind. Wir nahmen nur Flächen, in denen das kosmologische Prinzip (vgl. S. 53) gilt.

Leider versagt unser Anschauungsvermögen, wenn wir von den Flächen zu Räumen übergehen. Auch da haben wir den ebenen, den Kugel- und den Sattelraum, in denen die Winkelsummen der Dreiecke größer, gleich oder kleiner als 180 Grad sind. Auch die Gleichungen der Relativitätstheorie können einen ebenen, einen Kugel- und einen Sattelraum als Lösung ergeben. Welche Raumformen die Lösung hat, hängt von der Geschwindigkeit der Expansion ab, gegeben durch die Hubble-Zahl und durch die Materiedichte, die die Expansion bremst. Gibt man die Hubble-Zahl, die Materiedichte und eventuell noch den Druck der Materie vor, so folgt, wie sich die Materie in der Zukunft bewegen wird. Außerdem folgt auch noch die Raumform dieser Welt. Ist die Expansionsgeschwindigkeit groß und die Materiedichte klein, so wird das Weltall für immer expandieren. Die Anziehungskraft der Materie wird die Flucht der Galaxien bremsen, wenn nicht sogar umkehren. In solch einem Weltall sind die Winkelsummen der Dreiecke kleiner als 180 Grad. Der Weltraum ist ein Sattelraum.

Ist die Dichte groß, die Expansionsbewegung klein, so wird die Expansionsbewegung so stark gebremst, dass sie ihre Richtung umkehrt und das Weltall in einer Implosion endet. Die Winkelsumme ist größer als 180 Grad. Der Weltraum ist ein Kugelraum.

Was haben unsere Betrachtungen über den WMAP-Himmel mit der Winkelsumme im Dreieck zu tun? Die Krümmung des Raumes beeinflusst die Geometrie: An die Stelle von Geraden treten krumme Linien. Sie sind in diesem Raum die kürzesten Verbindungslinien zwischen zwei Punkten. Auch das Licht folgt ihnen. Das aber bedeutet, dass der krumme Raum optische Eigenschaften hat, die wir aus der Schulgeometrie nicht kennen. Sehen wir uns dazu die Abbildung auf Seite 119 an: Unten blickt der Beobachter auf die gegenüberliegende Dreiecksseite. Im Sattelweltall (oben) sieht für den Beobachter die gegenüberliegende Dreiecksseite von der rechten Spitze aus kleiner aus als für den Beobachter im ebenen Weltall. Der krumme Raum verbiegt das Licht so, wie es die Brille eines Kurzsichtigen tut. Im Kugelweltall erscheint dem Beobachter die Gegenseite des Dreiecks vergrößert, der Kugelraum wirkt wie eine Lupe.

Dazwischen gibt es eine ebene Welt, in der unsere Schulgeometrie gilt. Die Winkelsumme im Dreieck beträgt 180 Grad. Wir blicken in dieses Weltall nicht wie durch eine Lupe, nicht wie durch eine Brille für Kurzsichtige, sondern wie durch eine Brille mit Fensterglas.

Mit der durch die gegenwärtige Hubble-Zahl ausgedrückten Expansionsgeschwindigkeit und einer Dichte von etwa sechs Wasserstoffatomen pro Kubikmeter liefern Einsteins Gleichungen gerade diese Raumform. Die angegebene Dichte heißt die *kritische Dichte*. Sie ist sehr klein: Auf der Erde können selbst die besten Vakuumpumpen ein so extrem gutes Vakuum nicht schaffen. Die Messungen von WMAP haben uns gezeigt, dass unser Weltall eine ebene

Welt ist, seine mittlere Dichte also in guter Näherung gleich der kritischen Dichte ist.

Lange Zeit kannten die Menschen nur die sichtbare Materie. Sie macht 4 Prozent der kritischen Dichte aus. Der Weltraum war ein Sattelraum, der bis in die Ewigkeit expandiert, weil die schwache Schwerkraft die Expansionsbewegung nicht stoppen kann. Dann entdeckte man die Dunkle Materie. Aus ihrer Schwerkraft weiß man, dass sie etwa die fünffache Dichte der sichtbaren Materie hat, zusammen also nur etwa 24 Prozent der kritischen Dichte. Das Weltall ist noch immer ein Sattelraum. Aber es gibt ja noch die Dunkle Energie. Damit das Weltall eben wird, wie aus den WMAP-Messungen folgt, muss sie etwa drei Viertel der kritischen Dichte haben. Dieses Weltall ist eben. Die Expansion wird ewig weitergehen.

Das also ist das Weltall, das uns die Theorie und die Beobachtungen liefern. Nimmt man an, dass das kosmologische Glied dafür verantwortlich ist, so spricht dafür, dass es die Abstoßung liefert, die man in der beschleunigten Expansion beobachtet. Der Nachteil ist, dass es nur eine einzige Zahl ist. Erfasst man damit alle Eigenschaften der Dunklen Energie? Würde man diese näher kennen, könnte man in den Einsteinschen Gleichungen ihre Dichte und ihren Druck direkt einsetzen und dafür das kosmologische Glied weglassen. Doch solange keine genaueren Beobachtungen vorliegen, genügt es, alle Beobachtungen mit dem kosmologischen Glied zu erklären.

Warum ist die Welt nicht krumm?

Als der große Mathematiker Carl Friedrich Gauß (1777–1855) an der hannoverschen Landesvermessung arbeitete, begann er mit einem Dreieck, dessen eine Ecke der Hohe Hagen bei Göttingen, die anderen der Brocken und der Inselsberg waren. Er bestimmte mit seinen geodätischen Instrumenten die Winkel dieses Dreiecks, die er für die wei-

Die Winkelsummen von Dreiecken im zweidimensionalen gekrümmten Raum der Kugeloberfläche sind größer als 180 Grad. Im abgebildeten Dreieck ergeben bereits die beiden Winkel am Äquator diese Summe.

teren Messungen brauchte. Wir wissen aus der Schule, dass die Winkelsumme im Dreieck 180 Grad beträgt. Das lässt sich mit den Regeln der Schulgeometrie beweisen. Aber gilt das, was der Lehrer im Klassenzimmer beweist, auch für große Dreiecke mit Seitenlängen von mehreren Kilometern? Für das von Gauß vermessene Dreieck stimmte es innerhalb der Messgenauigkeit. Die Schulgeometrie scheint aber auch für größere Raumbereiche zu gelten.

Die Flecken von WMAP zeigen, dass auch für kosmologisch große Dreiecke mit Seitenlängen von Milliarden Lichtjahren die Schulgeometrie gilt, oder wie man auch sagt, der Weltraum »eben« ist, so wie in der Ebene des Zeichenpapiers die Winkelsumme jedes Dreiecks 180 Grad ist. Das ist nicht selbstverständlich. Wir wissen aus der Allgemeinen Relativitätstheorie, dass die Massen von Sternen und Galaxien den Raum in ihrer Nachbarschaft geringfügig krümmen. Die Dreieckswinkelsummen weichen in ihrer Umgebung geringfügig von 180 Grad ab.

Wenn man von lokalen, durch die Schwerkraft der Sterne, der Galaxien und der Galaxienhaufen hervorgerufenen Unebenheiten absieht, ist der Weltraum eben. Das heißt, dass dort die Schulgeometrie gilt. So bilden die kürzesten Verbindungen dreier Punkte ein Dreieck, dessen Winkelsumme 180 Grad ist. Das gilt aber nicht für andere Arten von Räumen, von Mathematikern »gekrümmte Räume« genannt. Sie verhalten sich zum ebenen Raum etwa so wie eine krumme Fläche zur Ebene. Auf der gekrümmten Oberfläche einer Kugel sind die Winkelsummen großer Dreiecke größer als 180 Grad.

Warum ist das Weltall nicht gekrümmt? Warum ist das Weltall aus der Weißen Epoche eben und nicht krumm hervorgegangen? Ich sage, eine Warum-Frage, die sich auf die

Weiße Epoche bezieht, brauche ich nicht zu beantworten, solange ich die dortigen Gesetze nicht kenne.

Die Inflationstheorie (vgl. S. 108) versucht auch, den ebenen Raum zu erklären. Anfangs war das Weltall gekrümmt, doch dann wurde es während der Grauen Epoche so aufgebläht, dass der uns zugängliche Teil des Weltalls eben erscheint, so wie ein Quadratzentimeter der Fläche eines Luftballons seine Krümmung verliert, je mehr ich den Ballon aufblase.

Da ich die Gesetze der Weißen Epoche nicht kenne, sehe ich keinen Grund, mich über die aus der Weißen Epoche hervorgegangene ebene Welt zu wundern. Doch das ist nicht das Einzige, worüber sich manche Kosmologen meiner Meinung nach überflüssige Gedanken machen, denn es gibt noch weitere »Wunder«.

Der Mensch im Fadenkreuz

Der Ablauf des Weltgeschehens vom Anfang der Grauen Epoche bis heute wird durch Naturgesetze bestimmt, die in Formeln ausgedrückt werden können. In ihnen treten Naturkonstanten auf, also Zahlenwerte wie die Lichtgeschwindigkeit und die Gravitationskonstante, welche die Kraft festlegt, mit der sich zwei Himmelskörper anziehen. Eine andere bestimmt die elektromagnetische Kraft, mit der sich zwei elektrisch entgegengesetzt geladene Körper anziehen. Auch die Massen von Elektron und Proton sind Naturkonstanten. Der Ablauf des Naturgeschehens hängt ganz wesentlich von den Zahlenwerten dieser Konstanten ab, denn sie bestimmen die Kräfte in der Natur.

Bei zehnmal stärkerer Schwerkraft wären die Sterne, die sich dann bilden würden, kurzlebiger. Sie würden die Zeit von ihrer Entstehung bis zum Leerbrennen des Kernbrennstoffes so schnell durchlaufen, dass sie ihre Planeten nur kurze Zeit wärmen könnten. Es blieben nicht die Jahrmilliarden Jahre Zeit, die das Leben auf der Erde für seine Evolution benötigte. So scheint es, als ob die Schwerkraft gerade *die* Stärke hätte, die für die Entwicklung höheren Lebens nötig ist. Diese Argumentation lässt sich weiterführen, denn auch wenn weitere Naturkonstanten etwas andere Werte hätten, wäre im Weltall kein Leben möglich. Entweder ginge die Expansion so rasch, dass sich keine Sterne und Galaxien bilden könnten, oder sie ginge zu langsam. Dann entstünden viele Sterne so nahe beieinander, dass sie sich gegenseitig ihre Planeten entreißen würden – also wieder kein höheres Leben. Ist die Natur aus der Weißen Epoche mit genau denjenigen Naturkonstanten hervorgegangen, die die Bildung höheren Lebens auf Planeten erlauben? Ist es ein Zufall, dass die Naturkonstanten so eingerichtet sind, dass es uns gibt? Hat das Weltall von Anfang an auf uns gezielt? Der Wissenschaftsjournalist Reinhard Breuer gab seinem Buch über dieses sogenannte *Anthropische Prinzip* den Untertitel: »Der Mensch im Fadenkreuz der Naturgesetze«.

Mich reißt das Prinzip nicht vom Stuhl. Es besagt, die Welt ist so, dass Leben in ihr entstehen konnte. Das ist nicht gerade neu. Manche Vertreter des Prinzips sagen sogar: »Das Weltall *muss* die Eigenschaften haben, dass irgendwann Leben in ihm entsteht.« Das ist eine Aussage, die sich weder beweisen noch widerlegen lässt, und damit ist sie nichts wert.

Ich sehe es so: Die Welt ist so entstanden, wie sie ist, und das Leben hat sich ihr angepasst, um zu bestehen. Damit bleibt vom Anthropischen Prinzip nichts mehr übrig. Außerdem hat es noch nie eine naturwissenschaftliche Erkenntnis geliefert, die wir nicht sowieso schon wussten.

Fremde Universen

Die Anhänger des Anthropischen Prinzips betonen, dass das Weltall auf das Genaueste darauf abgestimmt ist, dass wir in ihm leben können. Aber was bedeuten wir denn schon dem Weltall? Manche Kosmologen stellen sich vor, es seien mit unserem noch viele Universen mit den unterschiedlichsten Naturkonstanten entstanden. In nahezu keinem sei Leben möglich, nur in unserem. Die Naturkonstanten dieser Welten wurden am Anfang nicht gezielt gewählt, nur zufälligerweise war auch ein Universum entstanden, das Leben gestattet, das unsrige. Warum sich also über unsere Welt wundern?

Mehrfache Universen spielen auch bei den Versuchen eine Rolle, die unvermeidliche Frage »Was war vor dem Urknall?« zu beantworten. Dazu wurde zum Beispiel das *zyklische Weltall* erfunden. Seine Expansion wird durch die Schwerkraft der Galaxien gebremst, es kommt zum Stillstand, kehrt sich um und endet wieder in einer Weißen Epoche, so wie es begonnen hat. Darauf folgt wieder ein Urknall, und das Spiel beginnt von Neuem. Auf die Frage »Was war vor dem Urknall?« können wir dann antworten: Da war schon einmal solch ein Weltall, das expandierte und wieder implodierte, und davor war noch eines und noch eines… Doch beantwortet das die Frage? Solange sich vom vorangegangenen Zyklus keinerlei Information durch die dazwischenliegende Weiße Epoche in meinen Zyklus herübergerettet hat, ist alles vor dem letzten Urknall für mich ohne Bedeutung. Wenn ich sage, vor ihm sah das Weltall aus wie Micky Maus, so kann ich das zwar nicht beweisen, aber auch widerlegen kann mich niemand.

Ebenso ist es mit den anderen fiktiven Universen, seien sie nun irgendwo im mir nicht zugänglichen Raum oder bewegen sie sich mit Überlichtgeschwindigkeit von mir weg oder existieren sie in anderen Raumdimensionen. Solange ich keinen Zugang zu ihnen habe, solange keine Information von ihnen zu mir gelangt, sind sie für mich bedeutungslos und helfen mir auch nicht zu verstehen, warum das Weltall mir so vorkommt, als wäre es auf uns Menschen zugeschnitten.

Natürlich kann ich annehmen, ein Schöpfer habe bewusst die Welt für uns geschaffen. Es ist aber dann keine naturwissenschaftliche Erklärung mehr. Ich meine dies nicht abwertend, nur gehören theologische Argumente zu einer anderen Fakultät. Ich werde am Schluss des Buches noch einmal darauf zurückkommen.

Warum ich an den Urknall glaube

Ich muss genauer erklären, was ich damit meine: Wenn ich alle Beobachtungen, die mir heute vom Weltall zur Verfügung stehen, mit meinem heutigen Wissen über die Naturgesetze zu einem widerspruchsfreien Bild zu vereinigen versuche, komme ich zum Bild vom Urknall. Dann sage ich: »Es hat den Urknall gegeben.« Ich argumentiere so wie der vor einer Leiche stehende Kriminalkommissar. Er versucht, die ihm zur Verfügung stehenden Beobachtungen, die ihm bekannten Naturgesetze und die Regeln menschlichen Verhaltens zu einem widerspruchsfreien Bild zu vereinen. Daraus schließt er, wie der Mord verübt worden ist. Wie es wirklich war, weiß er nicht, denn er war beim Mord nicht dabei – und ich nicht beim Urknall.

Ohne Zweifel kann das Bild vom Urknall nicht alle beobachtbaren Erscheinungen erklären, doch wie viel es erklären kann, wird einem erst bewusst, wenn man sich überlegt, welche Forderungen an eine alternative Theorie zu stellen sind. Sie muss:

1. mit den Gesetzen der Physik in Einklang stehen,
2. erklären, woher die Rotverschiebung kommt, wenn sie nicht von der Expansionsbewegung stammen soll,
3. erklären, woher die Hintergrundstrahlung kommt und warum sie in der Vergangenheit heißer war, so wie es das Bild vom Urknall verlangt (vgl. hierzu S. 77),
4. erklären, warum die ältesten Himmelskörper nicht älter sind als etwa 12 Milliarden Jahre,

5. erklären, warum das Mengenverhältnis von Wasserstoff : Deuterium : Helium das beobachtete ist (auf 30 000 Wasserstoffatome 3000 Heliumatome und ein Deuteriumatom, vgl. auch S. 91).

Zwei weitere Pluspunkte will ich noch erwähnen, ohne sie genauer auszuführen:

Da die Schwerkraft das Licht geringfügig ablenkt, wirken große Materieansammlungen, zum Beispiel Galaxienhaufen, wie Linsen. Sie können von einem im Hintergrund stehenden Quasar mehrere Bilder an den Himmel projizieren. Man kennt zahlreiche solche von *Gravitationslinsen* erzeugte Mehrfachbilder ferner Quasare. Das Licht zweier Geisterbilder desselben Objekts kommt auf verschieden langen Wegen zu uns und gestattet auf völlig neue Weise, das Weltalter zu bestimmen. Die Ergebnisse stimmen mit dem aus dem Dopplereffekt berechneten Weltalter gut überein.

Wenn die Hintergrundstrahlung auf dem Weg zu uns Galaxienhaufen durchdringt, wird sie dort durch Gas zwischen den Galaxien verändert. Das zeigt, dass die Strahlung aus großer Entfernung, also aus früher Zeit kommt, wie es nach dem Urknall-Modell zu erwarten ist.

Wenn eine alternative Theorie das alles erklärt, ist sie erst so gut wie die vom Urknall. Wenn sie darüber hinaus noch mehr kann, erst dann ist sie besser, und ich will sie mir gerne zu eigen machen.

Ist das alles?

Irgendwo in unserem Inneren sträubt sich etwas gegen das Bild vom Urknall. Wo unsere Vernunft keine Antwort weiß, sucht sie der Mensch anderswo, zum Beispiel in der Religion. So geschieht es immer wieder, dass mich nach einem Vortrag die Zuhörer fragen, ob das nun alles sei und wo in meinem Kosmos denn Platz sei für Gott.

Tatsächlich erfasst die Naturwissenschaft nur einen kleinen Teil unseres Lebens. Ihre Methoden und Hilfsmittel sind stumpf, wenn es um Freude oder Schmerz geht, um Ehrlichkeit oder Betrug. Sie sagen uns zwar, wie man eine Bombe baut, aber nicht, ob man sie benutzen soll.

Es sind die Religionen, die Antworten geben. Das Wissen um Naturgesetze wird in ihnen ersetzt durch den Glauben an Dinge, die nicht bewiesen werden müssen. Diese Welt benötigt der Mensch vielleicht mehr als die der Naturwissenschaftler. Ich persönlich halte beides klar getrennt. Ich glaube nicht, dass die eine die andere stützen oder widerlegen kann. Der biblische Weltanfang, bei dem zuerst das Licht da war, hat nichts mit dem Lichtblitz des Urknalls zu tun. Umgekehrt wäre der Naturwissenschaftler töricht, der gegen die wundersame Brotvermehrung argumentiert, nur weil sie den Satz von der Erhaltung der Materie verletzt.

Die Regeln, nach denen der Naturwissenschaftler vorgeht, geben ihm wenig Freiheiten. Der Kosmologe hat es besonders schwer. Der Physiker versucht, die Gesetze zu verstehen, der die Bestandteile der Welt gehorchen, seien es Atome, Steine oder Sterne. Der Kosmologe will die Regeln ergründen, denen das Weltall als Ganzes unterworfen ist.

Diese Regeln zu finden ist ungleich schwieriger. Wir können nicht mit dem Weltall herumexperimentieren wie mit Atomen. Zwar können wir keine Experimente mit Sternen machen, doch gibt es in der Natur viele Exemplare von ihnen, deren Vergleich uns Hinweise auf die Gesetze gibt, denen sie unterworfen sind.

Unser Weltall aber ist einmalig, und wir können es nicht mit anderen vergleichen. So kann der Kosmologe nur versuchen, die Regeln der uns bekannten Physik auf das gesamte Weltall anzuwenden, und prüfen, ob er damit beobachtbare Erscheinungen erklären kann. Deshalb ist die Kosmologie einer der schwierigsten Bereiche der Physik.

Neben den schwer beantwortbaren Fragen gibt es solche, auf die es *prinzipiell* keine Antwort gibt, etwa die nach der Ursache des Urknalls oder die nach dem Davor. Wir können nicht sagen: Das Weltall begann mit unendlicher Dichte. Wir wissen nur, dass es aus der Weißen Epoche so herauskam, als ob es mit unendlicher Dichte begonnen hätte. Wir dürfen die Theorie des Urknalls nicht überstrapazieren. Sie versucht zwar zu sagen, wie sich das Weltall entwickelt, nicht aber, warum es begonnen hat.

Register

Absorptionslinien 38, 41, 46, 63 f, 64, 77
Anderson, C. 92
Andromedanebel 29 - 32, 35, 41, 43, 75
Antimaterie 92 f, 94 f
Arp, H. 46

BOOMERANG 87, 115
Börner, G. 105
Breuer, R. 128

Casimir H. 115
COBE 69, 86 f, 96, 109, 115 f

Delta-Cephei-Sterne 20 f, 30, 55
Deuterium 90, 132
Dichte, kritische 122 f
Doppler, Chr. 39
Dopplereffekt 39, 40 f, 46 f, 51, 61, 64, 86, 98
Durchsichtigkeit (des Weltraumes) 74, 87 ff, 96, 114, 118

Eddington, A. 44
Einheit, astronomische (AE) 15
Einstein, A. 49, 50 f, 70, 84, 92, 100 - 105, 112, 122 f
elliptische Galaxien 33
Emissionslinien 61, 64
Energie, Dunkle 7, 103, 123
Epoche, Graue 104 f, 107, 112 f, 115, 126 f
Epoche, Weiße 8, 105, 111 f, 126, 129
Extrapolationsphysik 8, 105, 115

Feynman, R. 112

Galaxienhaufen 33 f, 48, 96, 98, 125, 132
Galaxis (= Milchstraßensystem) 13, 35, 53, 55, 62, 86, 97 f, 100
Galilei, G. 11
Gamow, G. 67 - 69, 91
Gasnebel 27 f
Gauß C. F. 124 f
Gluonen 94, 104
Goenner, H. 105
Gravitationslinsen 132

Halo 23, 25 f, 33, 53
Harrison E. 116
Helium 57, 59, 67, 80 f, 86, 88, 90, 98, 132
Helligkeit, scheinbare 9, 18 f, 21
Hintergrundstrahlung 7, 69 - 72, 77, 84, 85 f, 87 f, 95 ff, 108, 114 f, 117 ff, 131 f
HIPPARCOS 17 f, 22
HUBBLE (Weltraumteleskop) 36
Hubble, E. P. 30, 35, 42, 49, 52 f, 55, 101
Hubblesches Gesetz 42 ff, 48, 50 f, 53 - 56, 62, 103, 108
Hubble-Zahl 42, 51 f, 121 f

Inflation 108 - 111, 115 - 118, 126

Kant, I. 29
Kohlensack 28
Kopernikus, N. 53
kosmologisches Glied (s. Lambda)
Kosmos, ebener 119 - 123, 125 f
Kugelfläche 124
Kugelkosmos 119 - 122
Kugelsternhaufen 22f, 25, 33, 59 f

Lambda (kosmologisches Glied) 101 - 103, 123
Large Hadron Collider 104
Leuchtkraft 19 ff, 23, 59
Lichtgeschwindigkeit 14, 50 f, 79, 94, 111, 115, 117, 127, 130
Lichtjahr (Lj) 16
Lithium 90
Lyman, Th. 63
Lyman-Alpha-Linie 63 f, 77

Materie, baryonische 98 f, 104
Materie, Dunkle 87, 97 f, 100, 108, 123
Materie, nichtbaryonische 99
Milchstraße (s. auch Galaxis) 1 - 13, 16, 18, 21 - 25, 27 - 33, 41, 48, 53, 55, 75, 98, 100

Olbers, W. 2
Olberssches Paradoxon 82
Orionnebel 27 f

Parallaxe 16 - 18, 22
Parsek (pc) 7
Penzias, A. 9
Photonen 0, 47, 72 ff, 76, 84, 92 - 94
PLANCK (Raumsonde) 88
Planck, M. 105
Planckzeit 105, 107, 112 f
Positron 89, 92, 94, 102
Priester, W. 02
Prinzip, anthropisches 128 f
Prinzip, kosmologisches 53 f, 121

Quantenmechanik 102, 105, 109, 111, 115 ff
Quarks 4, 104
Quasare 61 - 64, 77 f, 80 f, 83, 132
Quintessenz (Energie, Dunkle) 103

Relativitätstheorie 50f, 100 f, 121, 125
RR-Lyrae-Sterne 20 f, 23, 55

Sattelfläche 120 ff
Sattelkosmos 119 f, 123
Schopper, H. 99
Shapley, H. 21 ff, 53, 55
Spektrallinien 40, 51
Spektrum 38, 40 f, 61, 63 f, 77
Stringtheorie 112
Sunyaev R. 117
Supernovae Typ Ia 47, 55

Tritium 90

ultraviolett 63

Very Large Telescope 81

Wilson, R. 69
Winkelsumme (im Dreieck) 119, 121 f, 124 f
WMAP 87 f, 114 f, 117 f, 122 f, 125

Zeldovich Y. 116 f.

PIPER

Christopher Potter
Sie sind hier

Eine handliche Geschichte des Universums. Aus dem Englischen von Dagmar Mallett. 336 Seiten. Gebunden

Durch Raum und Zeit vom Urknall bis heute: Christopher Potter erzählt eine erfrischend andere Kosmologiegeschichte. Originell und unterhaltsam führt er uns zu den modernen Fragen der Astronomie. Was ist das überhaupt, was wir Universum nennen, und was hat ausgerechnet der Mensch in der Unendlichkeit verloren? Hat das Universum einen Anfang und ein Ende? Und wenn ja, wie kann aus nichts eigentlich alles werden und am Ende aus allem wieder nichts? Wenn wir Antworten haben wollen, müssen wir den Kosmos in seiner ganzen Pracht kennenlernen. Dann müssen wir Naturwissenschaften und Geisteswissenschaften gleichzeitig befragen, dann müssen wir die Angst vor dem Unendlichen bezwingen genau wie die Angst vor dem Nichts. Erst dann können wir sagen: Wir sind hier, das ist unser Standort. Genau zwischen allem und nichts.

»Eine geniale Erklärung der Geheimnisse des Universums.«
The New Yorker

01/1930/01/L

Felix R. Paturi

Die letzten Rätsel der Wissenschaft

368 Seiten mit 8 Abbildungen. Piper Taschenbuch

Ist das Weltall endlich? Gab es die Sintflut wirklich? Und was hat es mit den geheimnisvollen Erdzeichen im peruanischen Hochland auf sich? Der Fortschritt in den Wissenschaften ist unaufhaltsam – und doch sind bis heute zahlreiche Fragen unbeantwortet geblieben. Unterhaltsam, leicht verständlich und sehr kompetent vermittelt Felix R. Paturi einen atemberaubenden Einblick in die letzten Mysterien der Wissenschaft und zeigt uns die Welt aus überraschenden Blickwinkeln.

»Paturi schreibt präzise, anschaulich und elegant – und er argumentiert mit einer Logik, die unbestechlich ist. Ein brillantes Buch.«
Ostthüringer Zeitung

05/2342/01/L

Alan Weisman

Die Welt ohne uns

Reise über eine unbevölkerte Erde. Aus dem Amerikanischen von Hainer Kober. 384 Seiten. Piper Taschenbuch

Was wäre, wenn wir Menschen von einem Tag auf den anderen verschwinden würden? Zum Beispiel morgen. Ein ungeheures Gedankenexperiment! Alan Weisman entwirft in seinem Bestseller das Szenario einer unbevölkerten Erde – gestützt auf das Wissen von Biologen, Geologen, Physikern, Architekten und Ingenieuren und mit atemberaubender Fantasie. Schritt für Schritt vollzieht er nach, wie die Natur unseren Planeten zurückerobert, und führt dem Leser dabei zweierlei vor Augen: was der Mensch in Jahrtausenden zu schaffen vermochte und über welch unerhörte Macht die Natur verfügt.

»Alan Weisman wagt ein kühnes Experiment.«
Der Spiegel

05/2329/02/R

Richard P. Feynman

Absolut vernünftige Abweichungen vom ausgetretenen Pfad

Briefe eines Lebens. Herausgegeben, eingeleitet und kommentiert von Michelle Feynman. Vorwort von Timothy Ferris. Aus dem Amerikanischen von Inge Leipold und Helmut Reuter. 512 Seiten mit 62 Abbildungen. Piper Taschenbuch

Feynman war ein großer, wunderbarer Briefschreiber – an seine Familie, seine Freunde, Wissenschaftskollegen und an Laien sind zahlreiche Briefe erhalten. Seine Tochter Michelle hat sie für dieses Buch gesammelt und kommentiert. Zum ersten Mal erschließen sich Persönlichkeit, Denken und Werk des Jahrhundertphysikers Richard P. Feynman aus seinen Briefen. Es sind bewegende Dokumente zum Leben eines außergewöhnlichen Menschen, die mit Gewinn und Vergnügen zu lesen sind.

»Dieses Buch kann uneingeschränkt zur Lektüre empfohlen werden.«
Physik Journal

05/2184/02/L

Richard P. Feynman

Es ist so einfach

Vom Vergnügen, Dinge zu entdecken. Herausgegeben von Jeffrey Robbins. Vorwort von Freeman J. Dyson. Aus dem Amerikanischen von Inge Leipold. 288 Seiten. Piper Taschenbuch

Der legendäre Physik-Nobelpreisträger tritt in diesem Buch als vielseitige und komplexe Persönlichkeit auf: als leidenschaftlicher Wissenschaftler, aufrichtiger Denker, genialer Lehrer, als liebenswürdiger Mensch und nicht zuletzt als Spaßmacher. Es ist ein Genuß, Feynman zu lesen, ganz gleich, ob er über Physik, das Computerzeitalter, den Zweifel in der Wissenschaft, über Philosophie oder Religion schreibt.

»Halb Genie, halb Clown … Stets spielte er mit Ideen, doch das, was wirklich für ihn zählte, nahm er immer ernst.«
Freeman J. Dyson

05/1865/02/R

Richard P. Feynman

Was soll das alles?

Gedanken eines Physikers. Aus dem Amerikanischen von Inge Leipold. 153 Seiten. Piper Taschenbuch

Können wir alle Rätsel des Universums lösen? Welche Rolle spielt die Kreativität in der Wissenschaft? Warum gewinnen pseudo-wissenschaftliche Ansätze immer mehr an Einfluß? Sind die wissenschaftliche Lust auf Abenteuer und die christliche Ethik miteinander vereinbar? Über diese und andere Themen denkt der Nobelpreisträger Richard P. Feynman mit viel gesundem Menschenverstand nach und lädt den Leser auf unterhaltsame Weise zum Mitdenken ein.

»Feynmans ebenso scharfsinnigen wie humorvollen Kommentare sind ein Genuß.«
Die Zeit

05/1345/02/L

Karl Jaspers

Einführung in die Philosophie

Zwölf Radiovorträge. 144 Seiten. Piper Taschenbuch

Daß diese »Einführung in die Philosophie« zuerst für Rundfunkhörer gedacht war, ist einer ihrer Vorzüge: Karl Jaspers hat den Mut zur Subjektivität und zur Einfachheit, er zeigt den Weg zur Philosophie in unmittelbar erlebnishafter Weise und in mühelos verständlicher Sprache.

05/2481/01/R

George G. Szpiro

Mathematik für Sonntagmorgen

50 Geschichten aus Mathematik und Wissenschaft. 240 Seiten. Piper Taschenbuch

Die wenigsten von uns sind Mathegenies, und es gehört schon fast zum guten Ton, wenn man zugibt, nichts von Mathematik zu verstehen. Hier schafft George G. Szpiro Abhilfe. In leicht verständlicher Sprache erzählt er von der Mathematik und von berühmten Mathematikern, von gelösten und ungelösten Problemen, von Theorien und mathematischen Knobeleien. Eine Einladung in die spannende Welt der Zahlen.

»Szpiro schreibt über so ziemlich alles, was in den letzten Jahren in der Mathematik Schlagzeilen machte: von der Poincaréschen Vermutung bis zur Lösung des Apfelsinenpackproblems durch Thomas Hales. Natürlich kann man derartige Jahrhundertarbeiten nicht einmal annähernd auf ein paar formellosen Textseiten wiedergeben. Aber Szpiro gelingt es, die wesentlichen Ideen dahinter zu vermitteln.«
Spektrum der Wissenschaft

05/2256/02/L

George G. Szpiro

Mathematik für Sonntagnachmittag

50 Geschichten aus Mathematik und Wissenschaft. 224 Seiten. Piper Taschenbuch

Wissen Sie, wie sich Smarties im Rütteltest verhalten? Kennen Sie die Mathematikerin Ada Lovelace? Lässt sich das Ulam-Problem lösen? George G. Szpiro erzählt in seinen vergnüglichen Geschichten von berühmten Mathematikerinnen und Forschern, von Theorien und Hypothesen und zeigt, dass Mathematik nichts für verschrobene Käuze ist, sondern ein zentraler Teil unserer Kultur.

»Mathematik kann Spass machen. In diesem Buch erzählt der Journalist George G. Szpiro amüsante Geschichten über das Fach und seine Protagonisten.«
3sat

05/2419/01/R

Ian Stewart

Kopfzerbrecher

30 mathematische Rätsel.
Aus dem Englischen von Helmut Reuter. 144 Seiten mit 34 Abbildungen. Piper Taschenbuch

Ein Bürgermeister hat ein Problem mit einem Baugrundstück, ein Paar streitet darüber, wie viele Kinder es eigentlich hat, ein Scheich versucht, Kamele zu vererben. Die dreißig Rätsel, die Ian Stewart, der englische Großmeister der Mathematik-Vermittlung, hier bietet, sind skurril und machen kopfzerbrechend Spaß. Und dazu brauchen Sie weder endlose Rechenschritte noch den Supercomputer. Es reichen Papier, Bleistift und – das eigene Gehirn.

»Ian Stewart ist unser größter und produktivster Mathematik-Erklärer.«
Times

05/2360/01/L

Ian Stewart

Die wunderbare Welt der Mathematik

Aus dem Englischen von Helmut Reuter. 304 Seiten mit 20 Zeichnungen von Spike Gerrell und 81 Graphiken. Piper Taschenbuch

Mathematik kann einfach richtig Spaß machen. Und der phantasievolle Mathematiker Ian Stewart zeigt mit seinen vergnügten Rätselgeschichten, daß sie sogar in der Alltagssprache erklärt werden kann. Mit Mönchen, Möbelpackern, Piraten, Steinmetzen und Sherlock Holmes reist Ian Stewart durch die wunderbare Welt der Mathematik.

»Dieses Buch ist eine Einladung an alle, die ihre grauen Zellen trainieren und dabei Spaß haben wollen.«
Hamburger Abendblatt

05/2254/02/R